KB109241

과학 하는 용기

과학 하는 용기

조정훈·김성호·김태현·남홍재·박동성·정희연 외
카이스트 학생들 지음

차 례

PART 01

나에 대한 믿음, 나를 완성하는 담금질

PART 02

더불어 사는 세상, 함께 극복하기

PART 03

조금 쉬어 가도 괜찮아, 나를 돌아보는 시간

추천사

다시 따스한 봄을 기다리면서

어느덧 다시 겨울입니다. 매년 이맘때마다 카이스트 학생들이 직접 만든 책이 세상에 나왔었지요. '꿈꾸는 천재들의 리얼 캠퍼스 스토리'라는 부제처럼 카이스트 학생들이 살아가면서 느끼는 소소한 이야기들을 엮었던 『카이스트 공부벌레들』을 필두로, 『카이스트 명강의』, 『카이스트 영재들이 반한 과학자』가 나왔지요. 그리고 작년에는 카이스트 학생들이 어떻게 과학에 관심을 기울이게 되었는지를 다룬 『과학이 내게로 왔다』가 출간되었습니다.

책이 나올 때마다 독자들의 반응은 매우 뜨거웠습니다. 그 덕분에 책은 쇄를 거듭했고, '올해의 청소년도서'에 선정되는 영광을 안기도 했습니다. 처음에는 '공부만 하면서 세상과는 담을 쌓고 살 것만 같은 카이스트생들에게 이런 면도 있었구나!'라는 호기심에서 관심을 갖기 시작했겠지요. 하지만 독자들의 뜨거운 반응은, 해를 거듭하면서 카이스트 학생들의 정겹고 살가운 이야기들이 자연스럽게 독자들에게 전달된 결과가 아닌가 생각해 봅니다.

그리고 이번에 내놓는 다섯 번째 책은 카이스트 학생들의 좌충우돌 시행착오로 범벅된 실패와 좌절에 대한 이야기들을 담았습니다. 이 책을 통해 카이스트 학생들이 어떤 고민을 하고 어떤 실패를 경험했으며 또 이를 어떻게 극복하려고 노력했는지 엿볼 수 있을 것입니다.

예년처럼 올해도 참신한 원고를 모집하기 위해 '내가 사랑한 카이스트, 나를 사랑한 카이스트'라는 글쓰기 공모전을 열었습니다. 올해의 주제는 "카이스트 학생들은 실패가 두렵지 않다."로 잡았는데, 295편의 이야기가 모였습니다. 이런 주제로 공모를 하면서 마음 한구석에는 '카이스트 학생들에게도 실패와 좌절이 있었을까?' 하는 생각이 들었던 것도 사실입니다. 실패하지 않고 무사히 이 자리까지 올라온 모범생들이라고 여겼기 때문입니다.

그런데 글을 받아 읽어 보면서 심사 위원 모두가 한결같이 느낀 점은 '아, 우리 학생들도 이러한 고민이 있었구나, 이러한 좌절과 실패에 몸부림친 시절이 있었구나!' 하는 점이었습니다. 요즘 세상이 참 어렵다고 합니다. 대학에 들어가기도 어렵고 또 대학을 졸업해도 취업하기가 어렵다고 합니다. 좌절은 기회이며 실패는 또 다른 성공의 계기라지만, 좌절과 실패의 순간은 참으로 고통스럽습니다. 카이스트 학생들도 이러한 어려운 시간을 겪었고, 힘겨웠던 그 순간을 넘기고 여기에 이르렀다는 점을 새삼 깨달았습니다.

국가 대표 유망주로 잘나가던 열네 살 스케이팅 선수가 한순간의 부상으로 꿈과 희망을 모두 잃어버린 후 그 순간을 담담히 이겨 내고 카이스트에 입학한 이야기, 한겨울 추운 실험실에서 자꾸만 실패하는 실험을 멈추지 못하고 계속 붙잡고 있었던 절박했던 그 순간, 교환학생으로 생전 처음 낯선 타국에서 부딪혀야 했던 좌충우돌 적응기, 대중 앞에만 서면 눈앞이 캄캄해지는 울렁증으로 남몰래 애태웠던 지난날들, 원하는 학교와 진로로 인해 겪어야 했던 갈등 등 넘어지고 깨지면서 느꼈던 쓰라렸던 순간들이 이 책에 고스란히 담겨 있습니다.

그리고 학생들은 그 좌절과 고통의 순간, 살며시 내밀어 준 친구의 따스한 손, 실험실 선배의 따뜻한 말 한마디, 있는 그대로 어려움을 받아들여 보자는 큰 호흡이 위로가 되고 자신을 되돌아볼 여유를 만들어 주었다고 이야기합니다. 그러다 보니 어느덧 슬럼프를 이겨 내고 길고 어두웠던 터널을 지나 꿋꿋하게 일어설 수 있었노라고 말합니다.

우리 모두는 실패와 좌절을 겪습니다. 이 책이 실패와 좌절을 겪고 있는 젊은이들에게 조그마한 공감이 되었으면 합니다. 그리고 다시 용기를 갖는 데 작은 계기가 되었으면 하는 바람을 가져 봅니다.

늘 그러했듯이 거친 원고를 다듬어서 멋진 책으로 엮어 내는 작업은 학생들의 몫이었습니다. 유난히 무더웠던 여름, 학생편집자들은 좋은 책을 만들기 위해 바쁜 시간을 쪼개어 구슬땀을 흘렸습니다. 뜨거운 눈빛으로 한 학기 동안 애써 준 학생편집자들에게 고마운 마음을 전합니다. 그리고 기획 단계부터 머리를 맞대고 좋은 책을 만들기 위해 함께 노력해 준 살림출판사와 늘 한결같이 물심양면으로 후원해 준 학교 당국에도 감사의 마음을 전합니다.

따스한 한줄기 햇살이 두꺼운 얼음을 녹여 내듯 따뜻하게 내민 손과 위로의 한마디가 우리 앞에 놓여 있는 좌절과 시련을 녹여 내리라 믿습니다. 이제 우리의 다섯 번째 책도 마무리되어 가고 있습니다. 내년에는 또 다른 이야기가 독자들을 찾아가겠지요. 벌써 다음 책이 기다려집니다.

시정곤(카이스트 인문사회과학부 교수)

들어가는 글

실패로부터 얻을 수 있는 것들

제가 고등학생이었을 때 저는 실패를 무던히도 두려워하는 학생이었습니다. 그 시절의 저는 스스로가 항상 완벽한 학생이 되기를 원했고 그것을 실현해 내기 위해 언제나 제 자신을 가다듬었습니다. 그리고 그런 생각은 고등학교를 거쳐 대학 신입생이 될 때까지 이어졌습니다. 편집증적인 완벽주의를 나름의 가치관으로 삼아 왔던 것이지요.

하지만 어느 순간부터 그러한 가치에 휘둘리기 시작한 제 자신을 발견할 수 있었습니다. 크든 작든 실패를 마주할 때마다 나 자신을 자책하고 추궁하는 나날이 계속되었습니다. 이제와 그 시절을 돌이켜 보니 그렇게 한참 동안이나 저는 제 자신을 잃고 방황했던 것 같습니다. 당연한 일이지만, 그런 가치관을 가지고 있었다고 해서 더 적게 실패한 것은 아닙니다. 학업뿐만 아니라 일상의 매 순간에 자리한 숱한 실패들을 겪으며 저는 지금 여기, 이 자리까지 도착했습니다. 그때의 저는 '실패'라는 단어가 끔찍이도 싫었기 때문에 끊임없이 실패하는 저 자신을 보며 자괴감에 빠졌던 것이겠지요.

지금은 어떤가 하면, 실패는 그야말로 저의 가장 소중한 가치이자 삶의 척도가 되었습니다. 한 번의 실패가 있을 때마다 그 실패만큼의 새로운 경험이 생기고 나날이 쌓여 가는 경험들만큼 더 나아지는 자신이 있으리라 믿게 된 것입니다. 실패는 인간의 종류만큼이나 다양합니다. 하지만 실패 그 자체보다 중요한 것은 우리 스스로가 실패로부터 얻을 수 있는 것입니다. 실패를 발판으로 삼아 어떻게 일어설 수 있는지를 배우는 것입니다.

이 책의 글쓴이들이 몸을 담고 있는 카이스트는 다소 특수한 환경의 학교입니다. 보통의 종합대학에 비하면 학생 수도 적고, 대학의 특성상 학업 이외의 여유가 많이 주어지지 않는 것도 사실입니다. 하지만 실패라는 단어에서만큼은 다른 그 어느 곳과도 다르지 않습니다. 카이스트는 매 순간 실패하고, 매 순간 일어서는 법을 배워 나가는 수많은 젊음으로 가득 차 있습니다. 학교 안에서, 학교 밖에서 그리고 때로는 지구 반대편에서 학업과 일상으로부터 밀려오는 다양한 실패와 마주하는 이야기들이 산더미처럼 쌓여 있습니다.

여기, 그 숱한 실패의 단편들이 실려 있습니다. 얼핏 보기에는 평범한 실패들일 수 있지만 가까이 다가가 들여다보면 프리즘을 통과한 투명한 햇빛처럼 총천연색을 띤 순간들이 숨어 있습니다. 그 안에 숨겨진 실패 극복의 이야기들을 함께 발견할 수 있었으면 좋겠습니다.

이렇게 저희들의 실패담을 출판할 수 있는 기회를 주신 시정곤 교수님을 비롯한 카이스트 인문사회과학부 글쓰기 수업의 모든 교수님과 출판사 관계자 여러분께 감사의 마음을 전합니다. 특히 출간 작업을 힘써 도와주신 살림출판사, 항상 웃는 얼굴로 맞아 주신 서시원 조교님과 여름방학 동안 편집 작업에 임해 준 학생편집부에게도 감사의 말을 전하고 싶습니다.

마지막으로 이 실패의 단편집을 읽고 계신 모든 분들께 응원과 감사를 전합니다. 그리고 실패 안에서 좌절 이상의 것들을 발견하게 되기를 바랍니다.

조정훈(내사카나사카 학생편집장)

Mg
30
Zn
103
Lr
$2Na+Cl_2 \rightarrow 2NaCl$
20
Ca

PART 01

나에 대한 믿음, 나를 완성하는 담금질

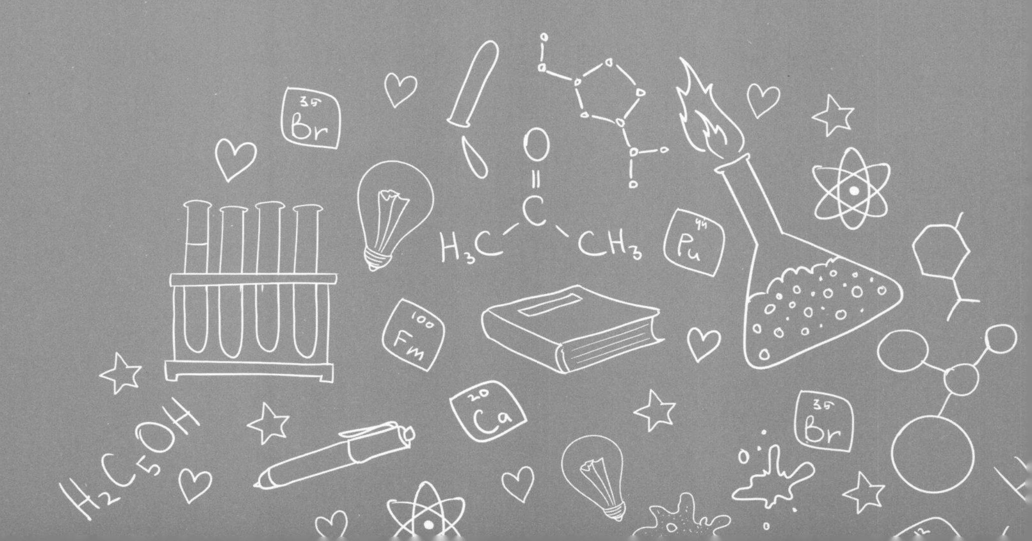

찜통

물리학과 12 박동성

1

과학자들 중에는 작명 센스가 지극히 유치한 이들이 더러 있다. 그러다 보니 황금색 큰 엉덩이를 가졌다고 해서 '스캅티아 비욘세이(Scaptia Beyonceae)'로 명명된 파리도 있고, '올챙이 도표(Tadpole Diagram)'라는 이름의 입자물리 공식도 있다. 후자의 경우, 저널에서 보다 진지한 작명을 요구하자 명명자가 '정자 도표(Sperm Diagram)'를 추천하는 바람에 하는 수 없이 원래 이름으로 발표되었다는 어이없는 뒷이야기도 전해진다. 아마 온종일 진지한 논문과 씨름하던 과학자들에게 실없는 말장난은 잠시나마 시시덕거릴 수 있는 소소한 낙이었을 테다. 참 가볍다.

2

좀 더 진지하게 실험과학을 공부하고 싶어서 졸업이 다가올 즈음 교수님을 찾아뵙고 연구실 생활을 하고 싶다고 말씀드렸다. 내 시간을 들여서 연구실 허드렛일이라도 해 보자고 갔는데, 교수님은 의외로 부정적이셨다. 연구실 일은 지저분하고 남루하다고, 물리가 아름다운 학문이라 생각했다면 실망할 수도 있다고 지레 겁을 주셨다. 하지만 그렇게 말씀을 하신들 연구실 일이 얼마나 힘든지 내가 어떻게 알겠는가? 나는 겁 없이 연구실 생활을 하겠다고, 앞으로 어떤 일을 해야 하는지 물었다. 그제야 교수님께서는 내가 할 일을 설명해 주셨다.

"액체 헬륨의 양자역학적 성질 중 방향성을 가지는 텐서 물성이 있는데, 이 물성을 측정하기 위해 필요한 에어로젤 시료를 만들게 될 거야. 그리고 이 에어로젤을 만들려면 80기압의 내압과 섭씨 250도가 넘는 온도를 견딜 쇠통을 제작해야 하는데, 이 쇠통으로 다섯 시간가량 화학 배합물을 잘 요리하면 에어로젤이 나와."

그렇다, 나는 연구실에 찜통을 만들러 갔다.

나는 겨울 한기가 창문을 뚫고 들어와 돌바닥 위를 기는 침침한 실험실로 첫 출근을 했다. 교수님의 말씀대로, 실험물리가 휘황찬란한 학문은 아니었다. 그래도 걱정한 것보다는 나아 오히려 힘이 났다. 앞으로 한두 달이면 뽀송뽀송한 에어로젤을 마구 쪄 낼 수 있을 것 같았다. 그때 마침 안에 있던 선배가 나오며 말했다.

"아직 부품이 다 안 왔어."

"네?"

"아직 뚜껑이 안 와서 실험을 못해."

정확히는 외주 제작을 맡긴 찜통 뚜껑에 공기가 빠져나갈 숨구멍이 아직 뚫리지 않았다고 했다. 그렇게 나는 한두 달간 재료를 섞고, 화학물질 비율을 계산하고, 에어로젤 레시피에 변화도 줘 보며 고등학교 화학 시간 같은 나날을 보냈다.

어느 날 출근하니 뿔처럼 생긴 숨구멍이 뚫린 원반 모양의 쇳덩어리가 내 책상 위에 당당히 앉아 있었다.

'뚜껑이 왔구나, 드디어 뭔가 해 보는구나.'

나는 들뜬 나머지 서둘러 찜통을 내 임의대로 조립해 봤다. 찜통 위의 두 뿔에서 연기가 나올 걸 생각하니 머리에 김이 모락모락 나는 화난 도깨비가 연상돼 연신 웃음이 나왔다. 물론 바로 실험을 하지는 않았다. 이 숨구멍으로 나올 것은 80기압, 섭씨 250도의 알코올 기체였다. 배수관을 설치하듯 이 뿔들에 쇠튜브를 연결시켜야 안전한 실험이 가능했다. 그런데 이 튜브를 연결하는 일이 여간 까다로운 게 아니었다. 뚜껑의 뿔과 튜브 사이가 새지 않으려면, 그 사이에 도넛 모양의 쇳덩어리를 넣어 조이면서 양쪽이 빈틈없이 맞물리게 해야 했다.

"형, 이거 얼마나 조여야 공기가 안 새요?"

"나도 몰라, 그거 '손맛'으로 알아내야 해."

실제로 실험을 하며 제작하는 많은 자잘한 도구들은 이렇게 손을 탄다. 나는 다른 튜브로 여러 번 연습하면서 선배의 손맛을 전수받았다. 당연히 뚜껑의 뿔도 튜브와 잘 연결했다. 나는 내 손재주가 좋다는 생각에 좀 우쭐했다. 그런데 다시 찜통을 보자 왼쪽 튜브가 조금 삐뚤어진 듯했다. 나는 풀고 다시 해 보려고 연장을 들었다.

"어? 형, 이거 고칠 수 있어요?"

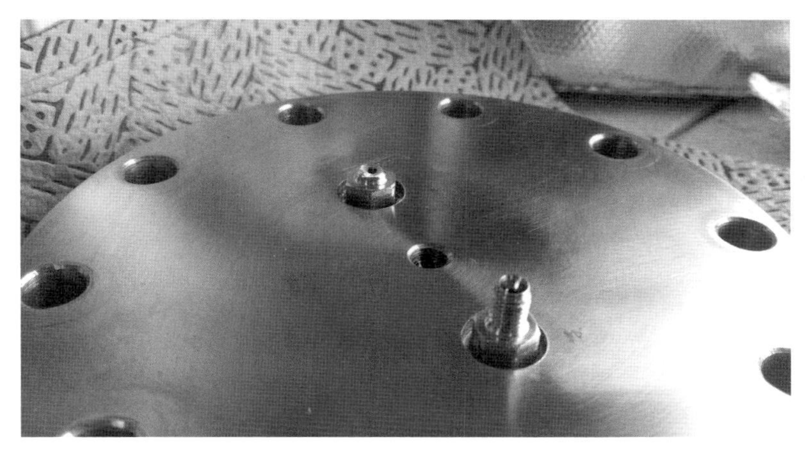

에어로젤 시료를 쪄 내려면 쇠통의 두 뿔들에 쇠튜브를 연결시켜야 하는데, '손맛'이 아니라 '손힘'이 너무 좋았던 나머지 뿔 하나를 부러뜨리고 말았다.

괜한 자신감과 욕심 때문에 도깨비 뿔 하나가 떨어져 나갔다. 힘 조절을 잘못해 튜브를 풀면서 숨구멍도 같이 뚜껑에서 떼어 낸 것이다. 당연히 우리가 고칠 수 없어 외주 업체에 맡겼다. 뚜껑이 온 지 일주일도 채 지나지 않은 날이었다.

보름이 지나서 뚜껑이 돌아왔다. 뿔도 다시 2개였다. 그중 저번에 부러뜨린 뿔에 다시 튜브를 연결시켰다. 역시 단번에 성공했다. 이제 실험해야지 싶어 마지막으로 찜통을 한 번 더 점검했다. 그런데 업체 쪽에서 부러진 뿔을 다시 달아 주며 옆에 곧게 나 있던 애꿎은 뿔을 살짝 건드린 것 같았다. 자세히 보니 연결된 부분이 살짝 구부러져서 공기가 샐 것 같았다. 그래서 고치려고 연장을 들었다.

"……."

연신 웃음만 나왔다. 나는 이렇게 두 번에 걸쳐 양쪽 뿔을 한 번씩 부러뜨렸다. 정작 에어로젤 제작을 하기까지는 다섯 달이 걸렸다.

첫 에어로젤을 쪄 냈을 때는 무척 감격스러웠다. 고등학교 때부터 인터넷에서나 봐 왔던 물질을 내가 직접 만들었다는 것이 신기했다. 내 주먹만 한 게 연필보다 가벼워 신기했고, 청포묵 색으로 반투명한 것도 신기했다. 바닥에 떨어지면 스티로폼 소리를 내는 게 신기했고, 손으로 만지면 꺼끌꺼끌하지만 탄력 있고 폭신한 촉감이 신기했다. 마치 강아지처럼 에어로젤 시료가 신비로웠고 애착이 갔다. 다만 마르면서 살짝 깨진 두부처럼 균열이 생긴 시료 표면이 거슬렸다. 그 작은 균열만 없었으면 완벽했을 것이다.

이후에 나는 에어로젤을 두 번 더 만들어 봤다. 하지만 결과는 같았다. 아니, 나중에 만든 시료들은 균열이 더 커져서 '누네띠네' 과자처럼 층간 분열까지 생겼다. 사실 찌는 과정만 네다섯 시간이었지, 재료를

나는 제대로 된 에어로젤을 만들기까지 실패를 거듭했다. 사진은 실패작 중 하나로, 층간 분열이 심해서 꼭 '누네띠네' 과자를 떠올리게 한다.

만들고 찐 후에 뜸 들이는 시간까지 포함하면 사나흘은 걸리는 실험이었기 때문에 세 번의 실패는 나를 충분히 지치게 했다. 학기는 끝나 가는데 보름간 실패작만 마구 쪄 내고 있다는 생각에 조급해졌다 낙담하기를 반복했다. 반년에 걸쳐 만든 찜통이 터진 만두만 쪄 낸다고 생각해 보라. 찜통을 내다 버리고 싶은 심정이었다.

"유리 틀에 넣어서 한번 해 봐."

선배가 말했다. 미처 못해 본 생각이었다. 규격대로 시료를 제작하기 위해 교수님이 만들어 두셨던 유리 틀이 있었는데, 에어로젤 품질에는 영향을 미치지 않을 것이라 여겨서 잊고 있었다. 선배는 주먹 크기에서 손가락 크기로 줄여서 에어로젤을 제작하면 균열이 적어질 것이라 했고, 나는 아무 생각 없이 선배 말대로 했다. 만두가 작아진다고 안 터질까 싶었지만 시간은 조금 있으니 결과나 한번 보자는 심정이었다. 그렇게 마지막으로 만든 시료는 깨지지 않고 유리 틀 모양대로, 반들반들한 청포묵처럼 예쁘게 나왔다. 연구 결과 보고서를 작성하기 일주일 전이었다. 그렇게 내 졸업 논문이 완성되었다.

3

실험은 어린 강아지를 산책시키는 것과 같다. 잠시라도 마음을 놓아 버리면 내가 가려는 방향과는 상관없이 제멋대로 옆길로 샌다. 처음 실험실에 가서는 부품을 기다리며 두 달간 실험 준비만 주야장천 하질 않나, 기껏 도착한 부품을 연달아 부숴 버리질 않나, 실험을 하면 터진 만두만 쪄 내질 않나, 마지막에 선배 말을 듣기 전까지 내 연구실 생활은 실패의 연속이었다. 하지만 마지막 시료만 본 친구들은 내가 졸업 연구로 의미 있는 결과물을 만들어 냈다며 성공을 축하해 줬다. 그렇다면 내 이야기는 실패담일까, 성공담일까?

나는 성공담에 대해 비판적이다. 예쁜 에어로젤을 만들려면 깨진 시료를 많이 쪄 봐야 할 것이다. 하지만 실패작이 많다고 해서 곧 성공작이 나오는 게 아니다. 성공은 많은 실패 끝에 간혹 찾아온다. 내가 조급하고 낙담한 것은 실패가 두려웠기 때문이 아니라 성공을 당연시했기 때문이라고 생각한다. 도깨비 뿔을 여러 번 부러뜨렸을 때처럼 장난스럽게 일관했다면 마음고생이 덜하지 않았을까? 학기의 끝 무렵 내게 필요했던 것은 꿈을 꾸게 할 휘황찬란한 성공담이 아니라 내 상황을 받아들이게 하고 다독여 주는 남루한 실패담이었다. 원래 모든 성공담은 성공의 순간 직전까지는 실패담이 아니던가?

그리고 누구나 실패가 두렵다. 작은 실패는 잦아서 무섭고 큰 실패는 돌이킬 수 없을 것 같아 겁이 난다. 겨우 20대 초중반의 대학생이 실패를 두려워하지 않는다면 그 이유는, 실험 연구에 겁이 없던 나처럼 삶의 많은 부분에 대해 아직 무지해서 그런 게 아닐까 감히 생각해 본다. 또한 실패를 두려워하지 않는 것처럼 보이는 이들은 사실 많은 실패를 통해 두려움을 이기고 실패를 덤덤하게 받아들일 준비가 되어 있는 사람이라고 믿고 싶다. 설령 강아지와 산책을 나갔다가 강아지가 옆길로 새는 바람에 길을 돌았더라도, 집에 안전히 도착했다면 그것만으로도 충분히 좋은 산책이었다고 생각한다.

4

나는 과학자들이 유치해서 그들의 작명 센스까지 유치하다고 생각하지 않는다. 스캅티아 비욘세이와 올챙이 도표는 몇 달 혹은 몇 년 동안의 진지한 고행 끝에 나온 연구의 결실이다. 찜통 하나를 만드는 데도 그렇게 많은 실패가 있었는데, 그들은 얼마나 더 힘들었겠는가? 하지만 그 보상으로 거창한 이름을 지어 성공담을 강조하는 대신 그 모든 고생이 당연했다는 듯이 도리어 장난을 치는 것이다. 이렇게 성공 앞에 겸손할 수 있는 사람들만이 실패가 더 이상 두렵지 않다고 말할 수 있을 것이다. 그것은 결코 가볍지 않다.

그래서 나도 내 졸업 연구를 찜통이라 부르고 싶다. 나는 카이스트에서 찜통을 만들고 졸업한다. 찜통이라는 단어가 영 못마땅하다면 밥통이라고 부르길 추천한다.

교환학생 살아남기, 오 나의 베를린

산업및시스템공학과 12 김태현

해외여행에 대한 동경, 그것은 언제나 나의 결핍이었다. 외국에 가 보고 싶은 마음은 굴뚝같았지만, 비행기에 훌쩍 몸을 실을 만큼 돈을 가진 적이 없었다. 나는 방학마다 유럽 여행을 갔다 오는 친구들을 보면서 한국에 묶여 있을 수밖에 없는 내 처지에 박탈감을 느끼곤 했다.

나는 언제나 해외 생활을 동경했고 유럽 여행을 선망했다. 유럽은 모든 게 예쁘고 모든 게 멋있기만 할 것 같았다. 한국 밖의 세상에는 어떤 풍경이 펼쳐져 있을지 상상도 되지 않았다. 단지 외국에 너무나도 가 보고 싶은 마음뿐이었다. 대학 생활의 요원한 소망이 바로 교환학생이었고 유럽 여행이었다.

드디어 그렇게 고대하고 고대하던 교환학생으로 갈 수 있게 되었다. 그것도 내가 가장 바랐던 독일, 그중에서도 그 나라의 가장 큰 도시 베를린으로 말이다. 교환학생 합격 발표를 받고 비행기 표를 예매하던 때에는 설레는 마음뿐이었다. 그렇게나 고대하던 유럽 생활인데 걱정할 게 뭐가 있으랴!

하지만 머나먼 타국 땅에서 정착하고, 국적이 다른 사람들과 교류하고, 완전히 새로운 음식과 생필품으로 생활하는 일은 생각보다 훨씬 어려웠다. 오랜 시간 꿈꿔 왔던 교환학생 생활이므로 생각대로라면 항상 아름답고 신나고 즐겁기만 해야 하는데 실제로는 그렇지 않았다. 하고 싶었던 일, 기대했던 것은 정말 많았지만 하고 싶다고 다 되는 것도 아니었고 모든 게 기대했던 대로 흘러가지도 않았다.

나는야 이방인, 수없이 넘어지며 적응하기

가장 먼저, 완전히 바뀌어 버린 환경 때문에 일어나는 사건 사고로 인해 힘들었던 적이 많았다. 삶의 기반을 완전히 다른 장소로 옮기는 것은 쉬운 일이 아니었다. 한국에서는 문제가 될 것이라고 상상조차 하지 않았던 일들이 뻥뻥 터지면서 나를 지치게 했다.

베를린에 있을 때는 어디만 잠깐 나갔다 오면 그렇게 피곤했다. 밖에서 새로운 것들을 구경하면서 신이 나서 돌아다니다가도 방에만 들어오면 몸이 노곤하고 무거웠다. 그전에는 잘 느껴 보지 못했던, 온몸의 기운이 쑥 빠져나가 버린 듯한 피곤함이었다. 지금 생각해 보면 어딜 가도 익숙지 않은 언어가 들려서 항상 긴장했기 때문이 아니었을까 싶다. 또 길에서 노숙자 아저씨와 눈만 마주쳐도 깜짝 놀라 어깨를 움츠리고 발걸음을 재촉했을 정도로 나 스스로가 이방인이라는 생각에 경직된 채 사소한 일에도 지레 겁을 먹었다.

좌충우돌 해프닝도 어찌나 많이 일어났던지! 한 번은 방 안에 딸린 세면대에서 냄새가 올라오기에 여행을 떠나기 전, 슈퍼에서 세면대 수도관 그림이 그려진 약품을 사다가 세면대에 부어 놓았던 적이 있다. '왠지 저게 내가 찾고 있는 '뚫어뻥'인 것 같은데!' 싶었기 때문이다. 나는 용도에 따라 다른 약품을 써야 한다는 것을 몰랐고, 수도관 세척제를 부어 놓고 나서는 다음 날 물을 틀어서 그 약품을 흘려보내야 한다는 것도 몰랐다. 약품 뒷면에 분명 독일어로 친절히 설명이 적혀 있었을 테지만, 잘 모르는 언어를 굳이 한 줄 한 줄 읽고 해석하는 수고를 하고 싶지 않았다. '그냥 부어 놓으면 대충 깨끗해지겠지.' 하고 쉽게 생각했다.

그런데 여행에서 돌아와 보니 세면대 밑에 웬 액체가 흥건한 것이 아닌가? 그 모습을 본 순간 정말 가슴이 덜컹했다.

'이게 뭐지? 이게 왜 이렇게 된 거지?'

세척제가 오랫동안 수도관에 고여 있으면서 수도관을 부식시키는 바람에 구멍이 뚫려 버린 것이었다.

'어, 수도관에 구멍이 뚫린 건가? 헐, 어떡하지? 그럼 수리비는 내가 물어야겠지? 아이고, 수리비는 얼마나 나오려나? 독일은 인건비가 비싸서 인부를 부르면 천문학적인 가격을 부른다던데 어쩌면 좋지?'

정말 많은 생각이 머리를 스치고 지나갔다. 나는 내가 물어야 할 수리비가 두려워서 구멍 난 수도관을 며칠이나 내버려 두었다. 열쇠를 집에 놓고 나와서 열쇠공을 불렀는데 100만 원이 넘는 비용이 들었다는 등의 무시무시한 이야기를 많이 들었기에 더욱 겁이 났다.

물이 새는 수도관을 곁에 두고 전전긍긍하던 나는 결국 덜덜 떨면서 기숙사 사감에게 말을 했다. 알고 보니, 가구를 파손하면 세입자가 책임을 지지만 세면대와 수도관은 기숙사가 책임지는 부분이라고 했다. 그것도 분명히 계약서에 쓰여 있었을 텐데, 독일어로 빼곡히 적혀 있는 계약서 조항들을 보고는 새하얗게 질려서 책꽂이 어딘가에 처박아 두었던 것이다.

이렇게 새로운 환경에 대한 무지에서 비롯된 실수를 한 적이 정말 많았다. 보험 규정을 제대로 모르고 독일 밖에서 종합병원에 갔다가 20만 원이 넘는 무지막지한 병원비를 물었던 적도 있었고, 클렌징크림을 로션인 줄 알고 그걸 얼굴에 치덕치덕 발랐던 적도 있었다. 그전까지 한국에서만 평생을 살아오면서 내가 얼마나 많은 걸 자연스럽게 누리고 사용해 왔는지 깨달았다.

이처럼 나는 독일이라는 다른 세상에 녹아들기 위해 많은 사건을 겪어 내야 했다. 하지만 그러면서 점차 내공이 생겨 생활용품 뒷면에 있는 설명문에 자주 나오는 문구는 대충 읽을 줄 알게 되는 등 하나하나 익숙해지기 시작했다. 나에게 필요한 생활용품을 척척 살 수 있게 되었고, 계산할 때 캐셔가 말하는 금액을 곧장 알아듣고 알맞은 돈을 낼 수도 있었다. 길을 걸으면서 더는 내 자신이 컬러 그림 속의 흑백 인간인 것처럼 느껴지지 않았다. 교환학생 생활이 끝나 갈 즈음의 어느 날, 과외 수업을 하러 가느라 버스를 타고 한참을 가던 중 문득 그 버스에 같이 타고 있는 다른 독일인들, 독일어 안내 방송, 베를린의 길거리 풍경 등 그 모든 게 너무 익숙하고 자연스럽다는 사실에 새삼 놀라기도 했다.

생각지 못한 난관, 제대로 먹는 일

처음으로 혼자 살면서 내 식생활을 온전히 책임지는 일은 참 어려웠다. 나 스스로 삼시 세끼를 챙겨 먹는 게 그리도 어려운 일인지 몰랐다. 베를린에는, 맛은 없을지라도 매 끼니 다른 반찬을 제공하는 학교 식당도 없고, 끼니때마다 밥은 먹었는지 걱정해 주는 엄마도 없었다. 베를린 공대 학교 식당은 점심때에만 운영했고 그마저도 니글니글한 메뉴여서 자주 먹기에는 속이 부대꼈다. 그러니까 거의 모든 끼니를 스스로 준비해서 챙겨 먹어야 했다.

삼시는 왜 이리도 자주 오는지, 배가 고픈 것이 원망스러울 정도로 밥을 챙겨 먹는 게 너무 귀찮고 힘들었다. 장보기는 참 좋아해서 슈퍼마켓에서 한국과는 다른 식료품을 구경하는 게 하나의 취미였을 정도였지만, 장보기와 그 이후에 내가 음식을 요리해서 챙겨 먹는 것은 또 다른 문제였다. 요리하는 것을 귀찮다고 생각하다 보니 점점 대충대충 끼니를 해결하게 되었다. 보통은 빵을 잔뜩 사다가 치즈 한 장을 올려서 먹는 식으로 끼니를 때웠고, 커다란 요거트를 사다 놓고 밥 대신 먹는 날도 있었다.

이렇게 식생활에서 간편함을 최우선 순위에 두고 살다 보니 소화불량, 변비, 만성피로 등 온갖 질병들이 온몸에 덕지덕지 붙어 버렸다. 이렇게 생긴 소화불량과 변비는 베를린에서 지내는 1년 내내 나를 괴롭혔다. 내가 먹는 것이 곧 건강임을 큰 비용을 치르고 배웠다. 먹는 일을 단순히 배고픔을 달래는 것으로 생각하면 안 되고 음식을 위해서 부지런히 움직여야 한다는 사실을 깨달았다. 하지만 여전히 그것을 실천하기는 너무도 어려웠다. 10분 만에 먹어 치울 음식을 만들기 위해

한 시간이 넘도록 식재료들을 씻고 자르고 볶아야 하기 때문이다. 나는 부지런히 요리하고 건강하게 먹는 습관을 들이려고 부단히 노력했다. 그러면서도 때때로 귀찮음에서 벗어나지 못해서 항상 소화기 질병을 달고 살았다.

하지만 이때의 경험은, 이후 한국에 돌아와서 건강한 식생활에 관심을 가지고 실천하는 데 큰 동기가 되었다. 군것질로 끼니를 대신하던 나쁜 습관을 드디어 버린 것이다. 나는 채소 반찬 위주의 식사를 하고 설탕이 잔뜩 들어간 음식은 피한다. 맛보다는 건강을 우선으로 여기기 때문이다. 베를린에 있는 동안에는 식생활 문제를 완전히 극복하지 못했지만, 지금까지도 계속해서 건강한 식생활을 위해 노력하고 있다.

가장 원했던 것에서 가장 큰 좌절을, 외국인과의 인간관계

교환학생 생활을 하면서 제일 힘들었던 건 인간관계였다. 내 제1의 목표는 바로 외국인 친구들을 많이 사귀고 그들과 교류하며 다양한 문화를 배우는 것이었는데, 이것이 가장 큰 스트레스의 원천이었다. 눈, 코, 입 모두 다르게 생기고 모국어가 다른 사람들과 친해지기는 생각보다 어려웠다.

첫 번째 장벽은 영어였다. 영어로 대화하다 보면 온몸의 기운이 다 빠져나가는 듯한 기분이었다. '나는 지금 영어로 말하고 있다. 영어로 말해야 한다.' 하는 생각에 사로잡혀서 머리도, 입도, 얼굴도 모두 굳어 버리는 기분이었다. 상대방이 뭐라고 얘기를 하면 어떻게 반응해야 하는 건지, 대화가 끊겼을 때 새로운 화제는 어떻게 꺼내야 할지, 말 한 마디 한 마디 이어 가는 것이 너무도 어려웠다. '저 유럽 아이들은 나랑 마찬가지로 영어가 모국어가 아닌데 어쩌면 저렇게 술술 말을 잘할까?' 생각하며 유럽 국가의 아이들을 부러워하기도 했고, 다른 한국인들은 잘 놀고 있나 두리번거리며 눈치를 보기도 했다. 시끄러운 파티 음악 때문에 상대방이 내 말을 못 알아듣고 "응? 뭐라고?" 하고 물어보기만 해도 '내 영어가 이상해서 못 알아들었나?'라는 걱정에 주눅이 들었다.

사실 영어만이 문제가 아니었다. 처세술의 문제이기도 하고 문화 차이의 문제이기도 했다. 나에게 익숙하지 않은 어떤 대화 패턴이 있는 듯했다. 내가 느끼기에 별것 아닌 화제로도 재미있게 얘기할 줄 알아야 하는 것 같았다. 한국어로 대화할 때보다 외향적인 에너지가 더 많이 필요했다. 도대체 어떻게 하면 처음 만난 자리에서 재밌는 화제를 계속 찾아내면서 웃고 떠들며 이야기할 수 있을까? 그건 지금도 잘 모르겠다.

내가 아시아 인, 아시아 여자이기 때문에 외국인들이 나를 다르게 대하는 것 같다는 고민으로 괴로워하기도 했다. 내가 아무리 반갑게 인사해도 나라는 사람에 대해서 전혀 관심이 없어 보이는 이도 있었고, 가끔 유럽 인들 사이에 끼어 있다 보면 투명인간이 된 기분이 들기도 했다. 동생과 얘기한다는 듯, 자신이 내 말을 들어 준다는 듯, 뭔가 이상한 태도로 나를 대하는 사람도 있었다. 모든 이가 그런 것은 아니었고 즐겁게 대화를 나눌 수 있는 사람도 꽤 있었지만, 어쩌다가 한 번씩 그런 느낌을 받는 것 자체가 유쾌한 경험은 아니었다.

'내가 아시아 인, 아시아 여자여서 쟤가 날 이렇게 대하는 걸까? 아니면 그냥 사람 사이에 충분히 일어날 수 있는 일인데 내 자격지심인 걸까?'

이런 고민을 하는 것도 싫었다. 반대로 나에게 이상할 정도로 잘해 주고 과한 관심을 보인다 싶은 경우도 이따금 있었다. 그럴 때는 수동적이고 순종적인 이미지로 성적 대상화되는 동양 여성에 대한 선입견을 품고 나에게 접근하는 것은 아닐까 하는 걱정에 방어 태세를 취하기도 했다.

때문에 아무리 노력을 해도 그들과는 어느 정도 이상 가까워지지 않았다. 외국인과의 인간관계는 아무리 잡으려 해도 잡히지 않는 손안의 모래 한 줌 같았다. 잡히지 않는 걸 잡으려 발버둥 치다 보니 스트레스만 자꾸 쌓였다.

그러다가 문득 '그런데 이토록 외국인과의 우정을 갈망하는 이유가 뭐지?' 하는 의문이 들었다. 영어로 의사소통하는 걸 연습하고 싶어서 이기도 했고, 새로운 유형의 사람들에 대한 호기심도 있었다. 또 단순히 만인에게 사랑받고 싶은 욕망도 있었던 듯했다. 그 순간 '이토록 스트레스를 받으면서까지 외국인과의 우정을 원하고 추구해야 하는가?'라는 물음이 전구가 번쩍하듯 떠올랐다. 이런저런 이유로 막연히 '외국인 친구들을 많이 사귀고 싶다.'라고 생각했고, 나는 그 목표에 대한 동기도 잊고서 목표 자체에 매몰되어 고통받고 있었다.

이 사실을 깨닫고 나니 나를 고통스럽게 하는 목표라면 그냥 접어두어도 괜찮지 않을까 하는 생각이 들었다. 그 목표를 추구하는 게 너무 괴롭다면, 세상이 그쪽으로 가지 말라고 이야기해 주고 있는 건 아닐까? 내가 즐겨 보는 한 미국 드라마에는, "우주가 네게 이렇게 하라고 얘기하고 있잖아."라는 식의 대사가 자주 나온다. 나의 상황 또한 마찬가지로 우주가 내게 그쪽이 아니라고 하는데도 나 자신의 목표 안에 갇혀서 그 언질을 듣지 못하고 고통 속에 빠져 있었던 것이다.

사실 지금 돌이켜 생각해 보면 이 '외국인 친구 많이 사귀기'라는 목표 자체가 얼마나 허망한 것이었던가 싶다. 한국 외의 수많은 나라에서 온, 그 다양한 사람들을 한데 묶어 외국인이라고 생각했던 것부터가 그렇다. '베를린 공대 교환학생'이라는 이름으로 모인 사람들은 유럽, 북미, 남미, 아프리카, 아시아 등 전 세계의 다양한 나라에서 온 사람들이었는데 말이다. 그리고 같은 나라에서 왔다고 해서 전부 다 동질적인 것도 아니지 않은가? 그런데도 나는 그 모든 사람들을 한데 묶어 외국인이라고 단순하게 생각해 버렸다.

또 친해지고 친구가 되는 것은 서로 간에 마음이 맞았을 때 자연스럽게 이루어지는 것이지, 목표로 한다고 되는 일도 아닌데 무작정 '외국인들하고 친해져야지, 잘 지내야지!' 하고 맹목적으로 바랐던 것도 문제였다. 막연한 외국에 대한 환상, 외국살이에 대한 환상에서 나온 맹목적인 목표였다. 외국인 친구를 많이 사귀자는 결과론적인 목표를 세우기보다는, 교환학생으로 지내면서 만나는 누구에게든 열린 자세로 대하자는 태도를 가졌더라면 훨씬 덜 힘들지 않았을까?

내 마음이 이끄는 대로, 내려놓기의 즐거움

베를린에서의 경험을 통해서 목표를 이루는 것보다 내 행복이 우선

임을 깨달았다. 한국에서 평생을 살면서는 목표를 이루기 위해 행복을 뒤로 미룬 적이 많았다. 오늘 잠을 푹 잘 수 있는 행복을 다음 주에 치르는 중간고사를 잘 보기 위해 다음다음 주로 미루듯이 말이다. 또 한국에서는 잘되지 않는다고 해서 그 목표를 내려놓은 적도 없었다. 고등학교 때 모의고사 점수가 잘 나오지 않는다고 해서 대학 입시를 내려놓을 수는 없는 노릇이다. 학점이 잘 나오지 않는다고 해서 대학원 진학, 취직, 교환학생, 인턴 등 모든 선발에서 첫 번째 기준이 되는 학점을 놓아 버릴 수는 없었다. 그래서 나는 내가 목표한 것, 해야 한다고 생각한 것이라면 무조건 그걸 추구해야 하고 결국엔 성취해야 한다고 생각했다.

그렇지만 교환학생 때의 일을 통해서, 내가 아무리 계획을 세웠다고 하더라도 언제나 그것을 이룰 수는 없음을, 세상에는 되는 일도 있고 안 되는 일도 있음을 배웠다. 그걸 간과하면 내가 세운 목표 안에 갇혀서 그 바깥의 것은 완전히 잊어버릴 수도 있다. 그렇다고 목표를 세우지 말자거나 노력을 하지 말자는 뜻은 아니다. 항상 최선을 다해 노력하되 내가 행복한 대로, 내 감정이 이끄는 대로 따라가다 보면 그 안에서 나름의 의미와 발전, 성취를 발견할 수 있다.

이러한 생각을 한 이후 나는 외국인과의 인간관계를 조금씩 내려놓기 시작했다. 이야기가 잘 통하지 않아도 괜찮았고, 그 사람이 내게 별 관심이 없어도 내 탓하지 않고 '그냥 뭐, 그런가 보지.' 하고 아무렇지 않게 생각할 수 있게 되었다. 비록 몸은 독일에 있지만 만나는 사람이 전부 다 한국인이고 종일 한국어만 쓴다고 해도 괜찮다고 생각하기 시작했다. 잘되지 않는 것을 가지고 너무 아등바등 애쓰지 말자고 다짐했다.

그러면서 내가 잘할 수 있는 인간관계에 집중하다 보니 점차 깊은 교감을 나눌 수 있는 사람들이 생겨났다. 나처럼 교환학생으로 온 다른 한국인 친구들과 더 많이 교류하게 되었고, 어쩌다가 인연이 닿은 다른 한국인 유학생들과도 자주 만나며 근황을 나눴다. 또 운 좋게 과외 자리를 구해서 학생 그리고 그의 부모님과 좋은 관계를 유지하며 여러 가지 조언을 듣고 도움을 받았다. 비록 많은 외국인 친구를 사귀지는 못했지만, 아시아에서 온 여학생이라는 공통점을 가진 싱가포르인 친구와 함께 여행을 다니기도 했다. 또 교환학생 후반부에는 한국에 관심이 많은 독일인 친구를 만나 다양한 이야기를 나누는 등 몇 명의 마음 맞는 친구들을 만날 수 있었다.

스트레스 뱉어 내기, 있는 그대로 인정하기

힘든 일을 극복하기 위한 나의 대처법 중 하나는 일기 쓰기였다. 꼬박꼬박 일기를 쓰며 하루하루의 생활을 되돌아보고 나의 감정을 보듬으려 했다. 새로 배운 것, 깨달은 것, 힘들었던 것, 좋았던 것 등 그날의 모든 것을 기록하려 노력했다. 교환학생으로 지내면서 남는 게 시간이었고, 나는 그 많은 시간을 일기를 쓰며 보냈다. 그렇게 기록하는 과정에서 많은 것을 생각하고 발견할 수 있었다. 쓰는 행위 자체가 나에게 위로가 되었다.

하지만 너무나 힘들고 스트레스 받는 일은 일기에조차 쓰지 않게 되는 경우도 있었다. 그 상황을 회피하고 싶어서 나 자신에게도 진실을 숨기려는 무의식의 반응이었다. 나는 노트북 앞에 앉아 메모장 프로그램을 켜 놓고 그런 모든 무의식을 꺼내서 글로 뱉어 내려고 노력했다. 회피하고 잊으려 하는 것은 내 자신만 속일 뿐 문제 해결에는 아무런 도움이 되지 않는다. 문제를 똑바로 마주 보고 그때의 상황과 내 감정을 상세히 써 나가는 일은 그 자체로 또다시 스트레스 받는 일이기도 했지만, 힘든 일을 직시하는 것이 문제 해결의 출발점이라고 여겼다. 그렇게 내가 어떤 일로 힘들었다는 것을 스스로 인정하고 글로 표현하는 행위를 통해 커다란 위로를 받았고 문제 극복의 계기가 되었다.

힘들다는 것을 부정하거나 힘들지 않으려고 굳이 애를 쓰기보다는 '이런 어려움이 있구나. 어? 나는 이런 상황에서 힘들어 하는구나. 내가 이런 걸 좋아하는구나.' 하면서 겪은 일들을 하나하나 깊이 생각해 보는 계기로 삼았다. 그러면서 나 자신의 호불호와 내 몸의 반응에 대해서 발견하는 등 나에 대해 탐구했고, 삶과 생 자체에 대한 지혜를 발견하기도 했다. 또 외국 생활과 한국 생활을 비교하고, 한국 사회와 독일 사회를 비교하면서, 내가 그동안 자라 온 사회의 특수성과 인간 사회의 보편성을 구별할 수도 있게 되었다. 그를 통해 내가 가진 고정관념과 사고방식의 틀에 대해서 생각해 볼 수 있었고, 사회가 내게 강요한 틀을 깨고 온전한 나 자신을 찾아가는 시간을 가졌다.

다사다난했던 1년이 큰 성장의 발판이 되다

나는 남들이 교환학생이 되어 페이스북에 올리는 예쁜 사진들만 보고서 교환학생이 되면 천국이 펼쳐질 줄 알았다. 또 교환학생으로 유럽에 와 있는 다른 친구들도 잘만 지내고 있는 듯이 보였다. 그래서 어려운 일을 마주할 때마다 '어, 이게 아닌데.' 싶어서 당황했다. '즐겁기만 하고, 재미있기만 해야 하는 교환학생 생활인데, 왜 내가 하고 싶은 게 잘 안 되는 거지? 왜 이렇게 인간관계가 힘들지? 왜 피곤하고 아프지?' 하는 의문이 들었다.

유럽에서 사는 것도 사람 사는 건데, 어떻게 항상 즐겁고 행복할 수만 있겠는가? 환상이었던 유럽에서의 삶이 현실이 되고, 유럽에 와서 하고 싶었던 일들 중에 못하는 것도 있다는 사실을 깨닫기까지 꽤 오랜 시간이 걸렸다. 그러면서 간절히 원해도 결국에는 얻지 못하는 게 있음을, 그럴 때면 그걸 가지고 분투하기보다 때로는 내려놓는 것이 내

베를린 공대에서 교환학생으로 있던 1년 동안 나는 행복이란 환상을 버려야 얻을 수 있는 것임을 깨달았다.

가 더 행복해질 수 있는 길임을 배웠다. 하루하루 최선을 다해 살되, 힘든 일은 그냥 '힘든 일이구나.' 인정하고 안 되는 것은 내려놓기. 이게 바로 내가 교환학생 생활을 하면서 배운 행복의 길이다.

여러모로 힘든 일들이 많았지만 한편으로는 그 자체가 다 재미있는 모험이기도 했다. 외국에 가 보지 않아서 내가 모르는 세상이 너무나도 많다는 막연한 답답함을 항상 느껴었다. 그렇기 때문에 한국이 아닌 새로운 세상에서 겪는 모든 일이 다 값진 경험이었다. 그래서 그 모든 좌절과 사건 사고에도 불구하고 원래 계획이었던 6개월에서 기간을 연장해 1년까지 있기로 결정했다. 베를린에서 겪은 갖가지 좌절은 나를 성장하게 해 주었고, 막연한 환상에서 벗어나 외국이라는 곳에 대한 현실적인 그림을 그릴 수 있게 해 주었다. 처음 교환학생으로 떠날 때에는 그게 도전인 줄도 몰랐고 힘든 일이 있을 줄도 모르고 무작정 덤볐지만, 결과적으로는 커다란 도전이었고 나를 성장시키는 계기가 되었다. 베를린에서의 도전과 당황과 좌절과 극복은 내 인생에 아주 중요한 밑거름이 될 것이다.

나의 전프구 수강기

전기및전자공학부 14 윤석빈

전자공학을 위한 프로그래밍 구조

누군가가 보기에는 별것 아닌, 그렇지만 다른 누군가에게는 잊지 못할 이야기를 써 보고자 한다. 이 이야기는 내가 수강했던 한 과목에 대한 이야기다. 겉으로 보면 아무렇지도 않은 이야기일 수 있으나 누군가에게는 큰 도전과 실패를 반복했던 기억이다.

전프구, 그 과목은 내게 아직까지도 지워지지 않는 강렬한 기억으로 남아 있다. 때는 2015년 가을. 여름방학의 즐거움도 지나가고, 학과나 학교에 대한 기대감도 다 가실 무렵 나는 전프구를 수강하게 되었다. 전프구는 '전자공학을 위한 프로그래밍 구조'의 약자로 전기및전자공학부(이하 전자과) 학생이라면 누구나 들어야 하는 과목이다. 같은 과에 몸담은 친구들이 이 과목을 먼저 듣고 고통받는 모습을 익히 봐 왔기 때문에 나는 수강신청 버튼을 누를 때부터 이미 긴장해 있었다. 그리고 전프구의 악명이 허명이 아니었음을 알기까지 그리 오래 걸리지 않았다.

이름을 보면 알겠지만 전프구는 프로그래밍 수업이다. 학생들은 퍼티(PuTTY, 특정 서버에 원격 접속을 가능케 하는 터미널 프로그램)를 설치한 뒤 교수님 연구실의 컴퓨터에 접속해서 코딩을 한다. 처음 퍼티를 실행시켰을 때 나는 묘하게 흥분되었다. 상업적인 프로그램들과 다르게 투박한 화면, 아이피를 입력하고 들어가면 해커가 나오는 영화에서나 볼 수 있을 법한 거무튀튀한 바탕에 작고 희끄무레한 글자가 박혀 있는 퍼티의 모습은 내가 상상한 프로그래머 혹은 해커의 프로그램 같았기 때문이다. 이 강의를 수강하고 난 후 프로그래밍을 능숙하게 해내는 나를 상상하며 강의에 대한 열정을 불태웠다.

프로그래밍 초보의 어려움

수업을 듣는 둥 마는 둥, 시간을 까먹으며 얼마나 기다렸을까? 첫 번째 과제가 나왔다. 첫 번째 과제에 대한 감상이 그렇게 깊지는 않다. 거의 튜토리얼(tutorial) 수준의 과제였기 때문이다. 과제를 제출하기만 하면 높은 점수가 나와서 의기양양했던 기억이 난다. 그때 내가 했던 생각은 '뭐야, 생각보다 그렇게 힘든 게 아닌데?'였다. 두 번째 과제가 나올 때까지 그런 생각을 갖고 있었다.

두 번째 과제부터는 본격적으로 프로그램을 만들게 되었다. 바로 디-코멘트(De-comment) 프로그램이었다. 이게 무슨 프로그램인지 간단히 설명하고 넘어가 볼까 한다. 프로그래머들은 프로그램을 만들 때 흔히 주석(comment)을 단다. 주석은 자기가 만든 프로그램 일부분에 대한 설명이다. 자기 프로그램을 남이 볼 수도 있고, 자신이 앞부분에 써 놓은 코드가 무슨 의미였는지 까먹는 일이 잦기 때문에 대부분의 프로그래머들은 주석 달기에 열심이다. 디-코멘트는 이렇게 열심히 써 놓은 주석을 깡그리 없애 버리는 프로그램이다. 참으로 친구에게 써 주기 좋은 정다운(?) 프로그램이 아닌가 싶다.

이쯤에서 프로그래밍의 과정을 대충이나마 설명해 보고자 한다. 누구나 이렇게 하는 것은 아니고, 나는 이렇게 한다는 뜻이다. 첫 번째, 어떻게 프로그램을 만들지 기본적인 구조를 설계한다. 두 번째, 프로그램을 이루는 기본적인 뼈대와 함수들을 만든다. 세 번째, 함수들을 이용해 프로그램을 완성한다. 마지막으로 여러 가지 상황을 상정해서 프로그램을 테스트하고 오류를 고친다.

그때도 이리했으면 좋았을 텐데 나는 그렇게 하지 않았다. 일단 키보드에 손가락을 올려 두고 있으면 옳은 일을 하고 있다고 착각해서 열심히 손가락을 놀렸다. 이 길이 잘못된 길임을 깨달을 때까지. 전자공학에 생소한 사람들을 위해 쉽게 비유를 하자면, 대전에서 서울까지 고속도로를 뚫어야 하는데 대전에서 전주까지 뚫은 뒤 그 옆의 청주에 잠깐 들렀다가 수원까지 열심히 길을 뚫고 보니 그제야 대전에서 서울까지 일직선으로 뚫는 방법을 깨달아 버린 셈이다.

나의 나태함에 과제와 퀴즈를 몇 개 끼얹으니, 2주가 넘게 남았던 과제 기한은 이제 3일 정도밖에 남지 않게 되었다. 그런 시간제한 하에서 지금까지 뚫은 길을 엎을 정도로 과감하지 못했던 나는 수원에서부터 열심히 길을 뚫기 시작했다. 마침내 서울까지 길을 다 뚫은 후, 도로가 멀쩡한지 알아보기 위해서 차를 몇 대 출발시켰다. 이 '차'는 조교님들이 주시는 것인데, 몇 개의 예시 문서로 주석이 잘 없어지는지 테스트하는 용도다.

나는 그 과정에서 무수한 오류와 맞닥뜨렸다. 하지만 결국 현실과 잘 타협해서 조교님들이 주신 예시들에 맞는, 그러니까 그 예시들을 잘 처리하는 프로그램을 만들었다. 프로그래머로서 훌륭한 태도는 아닌지라 양심에 찔렸지만 학생으로서는 나쁘지 않은 결과를 얻은 것에 만족했다. 겨우 3일 정도 밤을 새는 것으로 과제를 끝마쳤다면 남는 장사라고 생각했다. 무슨 과제에 그렇게 목을 매냐고 할 수도 있겠지만 전프구 과목은 과제의 비중이 매우 높다. 사실상 과제의 점수로 학점이 결정된다고 봐도 무방할 정도다. 그렇기 때문에 학점을 위해서는 과제에 목을 매야 한다.

그렇게 두 번째 과제를 어찌어찌 마치고, 세 번째 과제 기간에 접어들었다. 이번 과제는 많은 학생들을 고통스럽게 했던 '정규 표현식(regular expression) 기능 만들기'였다. 정규 표현식은 엄청 좋은 검색 기능이다. 검색을 하면 알맞은 단어를 찾아 주는 것은 물론이고 그 단어가 문장의 몇 번째 줄에 있는지 정확하게 알려 준다.

이 과제에서 학생들을 가장 고통스럽게 했던 것은 와일드카드(wild card)라는 기능이다. 자세하게 설명하기 힘들 정도로 이 과제는 매우 어려웠다. 이 과제가 특히 어려웠던 이유 중 하나는 과제 기한에 중간고사가 껴 있었기 때문이다. 그래서 중간고사가 끝날 때까지 과제는 손도 대지 못했다.

중간고사 역시 만만치 않았는데, 과제를 하느라 중간고사 공부할 시간을 많이 뺏겼기 때문이다. 프로그래밍에 필요한 지식과 중간고사에 필요한 지식이 묘하게 달라서 고생했다. 나는 이런 여러 가지 고난을 겪으면서도 크게 고민하지는 않았다. 사실 며칠씩 밤을 새기 일쑤라 제정신이 아니기도 했고, 그 문제를 해결하느라 좌절할 시간도 없었다는 것이 정확한 표현일 것이다. 어려운 일이 있을 때마다 늘 나는 그렇게 해결했던 것 같다. 그저 닥친 일을 그때그때, 어떻게든 넘기다 보면 어느새 해결되어 있곤 했다.

실패와 무기력 속에서 깨달음을 얻다

중간고사를 지나 어느덧 학기의 중간에 접어드니, 과제가 급격하게 어려워지기 시작했다. 내가 가장 많이 좌절을 느꼈던 과제는 네 번째 과제가 아니었나 싶다. 학생들의 명단을 관리하는 프로그램을 만드는 것이었는데 생각보다 너무 어려웠다. 너무 많은 분량, 너무 많은 오류, 너무 어려운 구조⋯⋯ 이 모든 게 나를 굉장히 힘들게 했다. 그때 내가 썼던 코드가 300줄을 넘었던 것으로 기억한다. 300까지 세고 그 후로는 세지 않아서 잘 모르겠다.

함께 강의를 수강하는 형의 방에서 서로 힘들다고 하소연하며 며칠 밤을 새워 과제를 했다. 일주일 정도 새벽 6시까지 프로그래밍을 하는 것을 반복했던 듯하다. 그렇게 마지막 날이 되어 못다 한 과제를 대충 제출하고 무력감에 빠져 잠이 들었다. 잠에서 깨어 하루를 시작하는데 온통 과제 생각이 머릿속을 떠나지 않았다. 나는 내 자신에게 말했다. 그냥 포기하라고, 어차피 많은 과제들 중 하나지 않느냐고.

하지만 이대로 그냥 포기하면 성적표에 계속 남아 있을 학점을 보며 언제까지고 무력함을 느낄 것만 같았다. 그래서 그날 하루치 일정을 전부 취소했다. 친구에게 도움을 청해, 자습실에 자리를 잡고 기한이 끝난 과제를 계속했다. 계속 실패하고, 또 실패했다. 그저 눈앞의 것들을 하나하나 해결해 가며 덜 엉망인 프로그램을 만들기 위해서 노력했다. 그저 문제 하나하나를 땜질해 가면서 나아가는 모양새가 과제를 한다기보다는 발악을 하는 것에 가까웠다.

나는 결국 감점을 감수하고 하루 늦게 과제를 제출했다. 사실상 실패한 과제였다. 그냥 잘 수습되었을 뿐, 나에게 결과로 돌아온 것은 평균보다 낮은 점수였다. 그래도 나는 괜찮았다. 내가 할 수 있는 최선을 다했으니까. 아쉬움은 남지 않았다. 나의 무력함에 대한 혐오는 다음 숙제에 대한 의지로 바뀌었다.

그때 나는 좀 깨달은 것 같다. 실패는 본인이 만드는 것임을. 실패에 매몰되어 그저 손 놓고 있으면 그냥 실패로 남지만, 끝까지 수습하려고 노력하면 잘 수습된 실패로 남는다. 그렇게 겪은 실패는 생각보다 나를 나쁜 상황에 빠뜨리지 않는다. 오히려 다음 도전에 대한 지지대로 작용하는 듯하다. 잘 수습된 실패에는 실패함으로 인해서 배우는 것들이 있다. 또한 다음에는 실패하지 않겠다는 의지를 얻을 수 있다.

그렇게 의지를 얻은 나는 다음 과제에서 거의 만점에 가까운 점수를 받았다. 장족의 발전이었다. 그 대신 기말고사 공부를 거의 하지 못해 책을 처음부터 끝까지 딱 한 번 읽어 본 상태로 시험을 치렀고, 평균보다 훨씬 낮은 점수를 받았다.

기말고사는 끝났지만 수업이 끝난 것은 아니었다. 나에게는 마지막 과제가 남아 있었다. 그 이름은 다이내믹 메모리 매니저 모듈(Dynamic Memory Manager Module). 이 내용은 좀 설명을 하고 싶다. 다이내믹 메모리 매니저 모듈이란 쉽게 말하면 컴퓨터에 정보를 저장할 때 필요한 만큼 공간을 알뜰하게 쓰기 위해서 적당한 저장 공간을 할당하는 과정을 말한다. 비유를 하자면 방에 짐을 넣어 두고 싶은데 방이 좁으니까 여기까지는 가구, 여기까지는 책, 이런 식으로 필요한 양만큼 공간을 쪼개서 물건을 저장하는 것과 비슷하다. 문제가 있다면 내 눈에 보이지 않는 컴퓨터 내의 저장 공간을 그렇게 쪼개야 한다는 것과, 그렇게 쪼개진 것도 내 눈에 보이지 않는다는 점이다.

이 프로그램은 내가 좌절했던 네 번째 과제와 매우 관련이 높았다. 심지어 네 번째 과제와 비교도 안 될 정도로 더 어려웠다. 네 번째 과제도 제대로 하지 못한 내가 그 과제를 하는 것은 결코 쉽지 않았다.

그때 나의 상황은 꽤 좋지 않았다. 우리 학교의 복잡한 기숙사 배정 시스템 때문에 학교에 남아서 과제를 해야 했지만 기숙사가 배정되지 않은 상태가 3일쯤 계속되었다. 심지어 이 과제는 집에서 하는 것이 쉽지 않았다. 그래서 동아리 방이나 다른 친구의 방을 전전하며 살아야 했다. 친구들은 시험이 끝나서 다들 집에 내려가서 쉬고 있는데 학교에서, 그것도 내 방도 아닌 공간에서 어려운 과제와 씨름하는 것이 정신적으로 너무 힘들었다. 몇몇 친구들은 이 과제가 추가적인 것이라 안 해도 괜찮다며 과제를 하지 않기도 했다.

그런 상황에서 멍하니 컴퓨터 앞에 앉아서 기계적으로 과제를 계속하는 날이 3일 정도 계속되었다. 아침에 일어나면 혼자 간단히 밥을 먹고 컴퓨터 앞에 앉아서 과제를 하고, 밤이 되면 잠들고, 다시 일어나서 과제를 하고, 이런 일이 3일쯤 지속되었다. 이 정도로 고립감을 느낀 것이 거의 처음이지 않나 싶을 정도로 다른 사람과의 소통이 단절된 상태로 과제만 계속했다.

그래서 과제가 잘 풀렸냐면 그것도 아니었다. 개념을 잘못 이해해서 거의 하루를 꼬박 쓴 프로그램을 전부 지우고 다시 시작하기도 했고, 과제 중 지극히 일부 기능도 수행하지 못해 끙끙대기도 했으며, 수많은 오류 속에서 좌절하기도 했다. 그쯤 되니 좌절을 학업의 일부처럼 받아들일 수 있었던 것 같다.

연이은 실패 속에서 그래도 몇 분 전 성과보다 다음의 결과가 더 나음을 위안 삼으며 한 발 한 발 나아갔다. 마음가짐을 다르게 먹었다고 해서 과제가 마법처럼 술술 풀리거나 하지는 않았지만 나는 더 편한 마음으로 과제에 임할 수 있었다. 마치 면벽 수련하는 수도승처럼 세상과 단절된 상태로 학업에 임하는 스스로의 모습이 신기하기도 했다.

며칠을 쏟아부어서 만든 나의 프로그램은 형편없었다. 과제가 요구한 기능 중 지극히 일부, 그것도 쉬운 경우만 겨우겨우 해내는 나의 프로그램이 내 모습과 닮은 것 같아 우습다는 생각이 들었다. 점수는 당연하게도 평균보다 아래. 그렇지만 평균과 거의 비슷했다. 그래도 하길 잘했어. 나는 그렇게 생각했다.

그렇게 전프구의 수강이 끝났다. 내가 전프구로 받은 학점은 B+. 평균 정도이다. 사실 이 과목에 투자한 시간을 생각하면 좀 아쉬운 부분이 없지는 않지만 불평을 할 만한 점수도 아니었다.

누군가는 나의 경험이 고난 축에도 못 든다고 할 수 있겠다. 맞는 말이다. 사실 이 과목의 점수가 달랐더라도 내 인생이 그다지 변했으리라고는 생각하기 어렵다. 그렇지만 학생 입장에서 당장 자신의 눈앞에 닥친 학점이 가장 중요한 것을 어떻게 비난할 수 있을까? 나는 그렇게까지 했어야 할 정도로 점수에 집착했던 것 같다.

나는 실패하는 법을 배웠다

B^+ 학점을 얻기 위해서 땀 흘리며 밤을 새웠던 수많은 날을 이 짧은 글로 완벽하게 묘사하기란 쉬운 일이 아니다. 많은 학생이 전프구 때문에 힘들어 하고, 실제로 이러한 과정을 견디지 못해 학업을 중단한 경우도 없지 않다.

나는 앞으로도 계속 많은 것을 배울 테고, 많은 일을 할 것이다. 그것은 마치 전프구 수강처럼 많은 어려움과 실패를 동반할 것이다. 나는 그래도 실패를 두려워하지 않는다. 내가 스스로 실패에 빠지지 않는다면 적어도 잘 수습된 실패로 만들 수 있다고 나 자신을 믿기 때문이다. 그로 인해 배우는 점도 있을 것이다. 이것이 내가 전프구 강의에서 진짜로 배운 것이라고 생각한다.

겁쟁이 일대기

기술경영학부 14 김기배

"난 늘 도전적인 학생이었다. 새로운 일에 흥미를 느끼고 누구보다 열심히 참여해 좋은 성과를 거두던 열정적인 학생이었다. 가끔씩 벅찬 일도 있었지만, 친구들과 함께 노력하며 무엇이든 해결할 수 있었다."

나는 내 자서전에 이렇게 적고 싶었다. 한때 나는 영화 속 주인공처럼 어떤 일이든 최선을 다하는 사람이 될 수 있다고 믿었다. 대학 진학 시 작성했던 자기소개서에도 스스로를 진취적인 학생이라 소개했고, 주변에 나를 소개할 일이 생기면 늘 훌륭한 학생으로서의 모습만을 보여 주려 노력했다.

하지만 돌이켜 보면 나는 진취적인 학생이었던 적이 없었다. 도전적이지 못하며 그 누구보다 겁이 많은 학생이었다. 아니, 지금까지도 나는 겁이 많은 학생이다. 이렇게 겁이 많은 내가 어떻게 대한민국 최고의 공과대학이라는 카이스트에 진학할 수 있었을까? 또 이곳에 진학한 이후로 어떻게 잘 지낼 수 있었는지, 지금부터 세 가지 일화를 통해 이야기해 보고자 한다. 앞서 말한 내용 때문에 오해가 생길 수도 있지만 내가 겁쟁이라고 해서 내 자존감이 모자라다고 생각하지는 않는다. 오히려 겁쟁이면서 자존심만 강한 아이였던 것이 지금까지 내가 성장할 수 있었던 원동력이다.

도망칠 힘은 운동할 때나 쓸걸

나는 운동을 잘 못한다. 어릴 때부터 운동을 별로 하지 않아서인지, 애초에 운동신경이 없는지 몰라도 웬만한 운동은 잘하지 못한다. 딱 한 가지, 줄넘기만은 예외다. 줄넘기도 처음 배울 때는 잘하지 못했다. 그때가 아마 열 살 때였을 것이다. 그 당시에 나는 검도장을 다녔는데 어느 날부터 준비운동으로 줄넘기를 하게 되었다. 줄넘기를 처음 할 때는 다들 어색한 몸동작으로 줄을 잘 넘지 못한다. 이것이 당연하다는 사실을 알고 있었지만 난 내가 줄넘기를 잘 못한다는 사실이 너무나 창피했다.

조금 더 구체적으로는, 내가 줄넘기를 못하는 모습을 남들에게 보여 주기가 민망했다. 나는 스스로가 영화 속 주인공처럼 멋진 사람이라고 생각했기 때문에 늘 남들에게 부족한 모습을 보여 주기 싫어했다. 그런 내가 택할 수 있는 가장 쉬운 방법은 그 상황으로부터의 도피였다. 줄넘기하는 모습을 보여 주지 않기 위해 검도장을 빠지기도 하고, 아픈 척도 해 보고 그 상황과 마주하지 않기 위해서 이것저것 많이 시도했었다. 하지만 결국에는 핑계가 다 떨어졌고, 나는 다시 줄 앞에 섰다.

내가 줄넘기를 하지 않으려고 열심히 도망치는 동안 다른 친구들은 줄넘기를 열심히 연습했는지 제법 익숙해져서 줄넘기를 곧잘 하고 있었다. 이제 나만 줄넘기를 하지 못했다. 그제야 왜 그렇게 도망갔을까 하고 후회했지만 그렇다고 줄넘기의 줄이 갑자기 느려 보이거나 하진 않았다. 이렇게 후회를 하는 와중에도 내가 친구들 앞에서 계속 줄넘기를 못하는 모습을 보여 주기가 싫었다. 친구들이 보는 앞에서 연습하는 모습을 보여 주는 것조차 민망했다. 내가 못하는 것이 있다는 사실을 인정하기 싫었고, 내가 무언가에 실패하는 모습을 보여 줄 수 없었다.

하지만 동시에 잘 해내고 싶다는 마음에 결국 방과 후 혼자 줄넘기를 연습하기 시작했다. 조용히 줄넘기를 들고 집 밖으로 나가, 아무도 없는지 휘휘 둘러보고 줄을 탁탁 튀기던 모습이 아직도 선명하다. 콩콩 점프를 뛰며 줄넘기 연습을 하면서도 내 뜻대로 되지 않아 혼자 얼굴을 붉히곤 했었다. 아무리 연습하는 게 짜증이 나고 민망해도 도장에서 부끄러운 모습을 보이기 싫다는 집념으로 정말 열심히 연습했다.

그렇게 딱 며칠을 연습하고 나니 친구들만큼 줄넘기를 잘할 수 있었다. 그토록 열심히 연습해서 줄넘기를 익혔으면 도장에 가서 자랑할 만 하지만 나는 우습게도 원래 할 수 있었던 양 친구들과 자연스럽게 같이 줄넘기를 했다. 친구들이 내 못난 모습을 자연스레 잊게 만들고 싶었다. 그렇게 자연스레 어우러져 같이 연습을 할 수 있다는 사실이 좋았다. 오히려 이제 나도 잘할 수 있다는 마음에 더 열심히 하다 보니 곧 친구들보다 더 빠르게, 더 많이, 더 다양한 방법으로 줄넘기를 할 수 있었다. 이렇게 내가 친구들보다 더 잘할 수 있는 유일한 운동이 생겼다. 처음에는 누구보다 못했지만 스스로 줄넘기를 잘 못하는 모습이 싫었기에 연습해서 오히려 더 잘하게 된, 창피한 역사다.

어쩌면 그때의 나는 친구들에게 나의 못난 모습을 보여 주는 것이 싫었다기보다는, 나 스스로가 내 단점을 인정하기 싫었던 것이 아니었을까? 나는 스스로를 특별한 사람이라고 생각해서 그런 단점을 가지고 있으면 안 된다고 생각했을지 모른다. 처음엔 미숙했던 영화 속 주인공들이 피나는 노력을 통해 극복했지만, 왠지 내 경우를 영화와 비교하기에는 민망하다. 노력을 하게 된 동기부터가 자존심 때문이라니, 어디 가서 말하기 조금 창피한 동기다.

하지만 이 줄넘기 사건 이후로, 내가 잘 못하는 운동에 대한 나의 태도는 바뀌었다. 나는 뭐든 잘한다는 태도로 민망해하지 않고, 오히려 '나는 정말 아무것도 몰라서 민망하지도 않아.'라는 마음가짐으로 운동을 하게 되었다. 덕분에 친구들 앞에서 도와 달라고 당당히 부탁하고 가르침을 받는 등 내가 못하는 것을 두려워하지 않을 수 있었다.

황소가 열심히 뒷걸음질을 쳐서 쥐를 잡았다

두 번째 이야기는 '내가 어떻게 공부를 해 왔는가?'이다. 어찌 보면 이는 내가 얼마나 도전을 두려워했는지에 대한 이야기이다. 고등학교 생활을 하다 보면 도전을 할 수 있는 기회는 매우 많다. 특히 학업과 관련된 도전은 수도 없이 있었다. 경시대회나 과학 경진 대회 등은 학생들에게 소위 스펙을 쌓기 위한 좋은 기회였지만 나는 쉽사리 도전하지 못했다. 학교에서 공부를 잘한다고 유명했던 나였지만, 오히려 그랬기에 더욱 도전할 용기가 나지 않았다. 지금까지 공부는 잘했는데 다른 대회에서 우수한 성적을 거두지 못하면 왠지 창피할 것만 같았다.

결론부터 말하자면 아이러니하게도 나는 조금만 시도했기에 각 도전에 최선을 다할 수 있었고, 참여한 모든 도전에서 멋진 성과를 얻을 수 있었다. 아마 다른 학생이 결과만 보고 나를 판단한다면 나를 과감히 도전하고 최선을 다할 줄 아는 학생이라고 생각할지도 모르겠다. 지금부터 고등학교 2학년 때 참여했던 대회 이야기를 통해 그 환상을 깨주려고 한다.

생명공학에 관심이 많던 나는 학교 선생님으로부터 친구와 함께 생명공학과 관련된 한 경진 대회에 참여해 보라는 추천을 받았다. 늘 그렇듯 이런 제의가 탐탁지 않았지만, 일단 어떠한 대회인지부터 알아봤다. 만약 다른 경시대회처럼 예전부터 준비해 온 학생들이 날고 기는 대회였다면 그 대회에 참가할 생각도 하지 않았겠지만, 다행스럽게도 아무도 해 보지 않았을 법한 실험을 하고 이를 기초로 진행되는 대회였다. 즉, 나보다 관련 지식이 많은 학생들이 특별히 더 유리할 것 같지 않았다. 내가 조금이라도 성공할 가능성이 높은 대회처럼 보였기에 나는 대회에 나가겠다고 결심했다.

이렇게 기회주의자처럼 행동한 벌이었을까? 대회를 준비하며 깨달은 점은, 이 대회 역시 올림피아드 경험이 있거나 과학고등학교 출신의 학생들에게 더욱 유리한 내용을 담고 있다는 것이었다. 당황했지만 이미 출전을 포기할 수는 없는 상황이었고, 앞으로 나아갈 수밖에 없었다. 그때까지 도전에 대한 내 태도는 확신이 있거나 또는 도망가거나 둘 중 하나였다. 18년 내 인생에서 최대의 고비를 만난 셈이었다. "난 아무것도 모르니 상 못 타는 건 당연해."라고 말하며 자기 위안을 하는 내 모습도 떠올려 보았으나 이번만은 그럴 수 없었다. 내가 앞으로 계속 연구하고자 하는 분야인데, 내 첫 도전부터 이대로 망가질 수는 없었다. 또한 그렇게 자기 위안을 삼는다 해도 내가 창피한 것은 그대로라는 생각이 들었다.

나는 배수진을 치는 기분으로 대회를 준비했고, 놀랍게도 대회에서 좋은 성적을 거둘 수 있었다. 그 대회를 요약하자면, 꼼수를 부리다가 고생하고 좋은 결과를 얻은 것이다. 나를 대단하다고 말해 주는 친구들에게는 차마 그 사실을 털어놓을 수 없었다. 나는 대회에서 실패하는 것이 무서웠다. 우수한 학생으로서 늘 좋은 결과만 얻고 싶었다. 좋은 결과를 얻는 도전만 하고 싶었다. 하지만 이는 도전이 아니었다. 내가 잘할 수 있는 일을 하는 것은 도전이 아니었다. 나는 이 대회를 통해서 일을 시작하기 전에 결과가 확실하지 않더라도 내가 열심히 한다면 결과가 확실해질 수 있음을 배웠다. 도전이 무엇인지, 내가 앞으로 무엇을 더 할 수 있을지를 알 수 있는 계기였다.

두려움에 직면하다

마지막은 가장 최근에 있었던 이야기다. 하지만 세 이야기 중에서 가장 오래된 일화로부터 시작한다. 나는 발표하기를 두려워했다. 아주 어릴 적, 친구들 앞에서 발표를 할 때 발표를 잘 못한다는 이야기를 들었다. 그 이후로 무대 위든 단상 위든 사람들 앞에 나서기를 주저했다. 특히 중학생 때 수업 시간에 반드시 해야 하는 발표에서, 대본을 들고 있던 손이 부들부들 떨리고, 목소리는 하이톤이 되어 제소리도 내지 못했던 이후로는 대학생이 될 때까지 직접 발표를 하지 않았다. 하지만 대학생의 조별 과제는 피할 수 없는 일이었고, 결국 지난 학기에 나는 직접 발표를 할 수밖에 없었다.

전공 수업에서 조별로 발표를 할 때, 내가 15분가량을 발표하게 되었다. 트라우마로 남은 중학생 때의 발표 시간이 5분 정도였음을 감안하면 이번 발표를 잘 해낼 자신이 없었다. 영화 속 주인공처럼 "좋아, 한번 잘해 봐야지!"라고 말할 용기 따위는 당연히 없었다. 단지 그 지옥과도 같은 시간을 어떻게 보낼지가 걱정이었다. 성인이 되어서도 발표할 때 바들바들 떨기 싫었다. 그런 내 모습을 절대로 다른 사람들에게 보여 줄 수 없다고 생각했다. 강단 앞에서 실패하는 내 모습을 상상조차 하고 싶지 않았다. 피할 수 없는 과제 때문에 극도로 스트레스를 받았고, 이 스트레스는 내가 열심히 발표 준비를 하도록 몰아붙였다.

발표에 있어서 가장 큰 두 가지 문제는 나의 못난 모습, 손 떨림과 목소리 떨림이었다. 그래서 이 두 가지만 해결하면 민망하지 않게, 자연스러운 모습으로 '난 원래 발표가 두렵지 않아.'라고 느낄 수 있을 듯했다. 목소리가 떨리는 것을 막기 위해서 새벽에 빈 강의실에서 똑같은 대본을 가지고 몇 시간씩이나 큰 소리로 말하는 연습을 했다. 대본을 잡고 읽을 때 손이 바들바들 떨리는 것을 막기 위해서는 큰 손동작을 취하기로 했다. 그렇게 목이 쉬어 가며 연습을 해도 불안감이 가시지 않았다. 발표를 하며 실패하는 내 모습이 너무나 두려워 잠을 줄여 가며 연습을 할 수밖에 없었다. 이렇게 열심히 연습한 결과는 어땠을까?

발표 당시, 나는 손을 떨었다. 목소리 또한 떨렸다. 하지만 이 부분이 내 발표의 질을 낮추었다고는 생각하지 않는다. 손을 떨었지만 큰 손동작 덕분에 보이지 않았고, 목소리가 떨리는 것도 티가 나지 않을 정도였다. 이렇게 발표가 끝나고 나니 중학생 때 긴장했던 모습이 과장된 기억이 아니었는지 의심될 정도로 발표할 때의 긴장감이 생각보다 적었다.

물론 그 이후로도 내게 발표는 쉬운 일이 아니었다. 매번 남들보다 발표 연습 시간을 배 이상으로 들여야 했으며, 매 순간 긴장을 했다. 하지만 이전처럼 무섭지는 않았다. 발표하는 내 모습을 그려 보는 것이 겁이 나지 않았으며, 더 잘해 내기 위해서 노력할 뿐이었다. 늘 두려움의 대상이었던 발표가 이렇게 나의 일상 중 하나, 즉 단순한 업무와 과제가 되었다는 사실이 기뻤다. 내가 할 수 있는 일이 하나 더 늘어났고, 이는 내 10년 뒤 모습을 바꾸어 놓을 밑거름이 된 것이란 생각이 들었다.

어릴 때부터 지금까지, 나를 발전시켜 온 것은 목표에 대한 나의 강렬한 열망이 아니었다. 나는 영화 속 주인공처럼 순수한 목표를 위해 노력하고 성취해 온 역사를 쓰지 않았다. 아니, 그러지 못했다. 내가 자라 온 방식은 새로운 것을 두려워하며 내 알량한 자존심을 지키기 위해서 악착같이 노력하는 것이었다. 나는 운동을 잘하고 싶다는 마음에서 운동을 시작하지 않았다. 또한 대회에서 훌륭한 성과를 거두고자 공부한 것은 아니었으며, 발표를 능숙하게 하고 싶어 하지도 않았다. 나는 단지 당시의 실패가 너무나 두려웠다. 그래서 위기를 극복하고자 노력했으며 그 결과가 조금씩 모여 지금의 나를 만들었다. 내가 두려워하는 것이 많았기에 나는 성장할 수 있었던 셈이다.

나를 비롯한 다른 카이스트 학생들도 비슷하리라 생각한다. 우리는 영화 속 주인공이 아니다. 다들 현실에서 살아가며 실패를 두려워하고, 눈앞에 닥친 고난에 힘겨워한다. 우리 중에는 실패를 두려워하지 않으며 도전하는 사람은 없을 것이다. 단지 우리는 도전이 두려운 만큼, 그리고 자신이 없는 만큼 더욱더 준비하는 사람들이다. 두려움 속에서 누구보다 많은 시간을 들여 준비하고, 그 결과물이 외부 사람들 눈에 보일 때에 우리는 비로소 '두려움 없이 도전하는 진취적인 학생'이 되는 것이다.

카이스트 학생으로서 우리가 도전을 즐긴다고 말할 수 없다. 하지만 우리는 도전을 피하지 않으며 그 두려움 속에서 노력하는 겁쟁이들이다. 우리 겁쟁이들은 이곳에서 두려웠던 만큼 스스로를 성장시키고, 나아가 사회를 성장시킬 수 있는 사람들이다. 실패? 너무나 두렵다. 하지만 우리는 두려움을 이겨 내고 이를 기회로 삼는 사람들이다. 이것이 내가 생각하는 카이스티안이다.

번쩍이는 불꽃보다는 꾸준하고 은은한 숯불이 되자

신소재공학과 13 김진욱

항상 무난히, 적당히 살아온 삶

사실 나는 살면서 크게 고난이나 좌절을 겪지는 않았다. 또 살면서 크게 환경이 변한 적도 없었다. 아버지가 연구원이셨기 때문에 태어났을 때부터 지금까지 연구 단지에 살고 있고, 집안이 어려웠던 시기도 없었다. 과학고등학교에 들어가고, 카이스트에 오면서 나보다 공부를 잘하는 아이들을 보고 부러움을 느낀 적은 있지만 그렇다고 좌절감을 느낄 정도는 아니었다. 이렇게 크게 좌절한 적이 없는 것은, 뭔가를 성취하기 위해 크게 노력한 적이 없었기 때문일 수도 있다. 사실 어릴 때부터 커서 무언가가 되고 싶다고 이야기는 했지만, 정말 간절히 바란 적도 없었다. 그래서 그나마 잘하는 수학, 과학 공부를 많이 했고 결국 과학고등학교에, 카이스트에 들어가게 되었다.

카이스트에 입학해서도 마찬가지였다. 아주 치열하게 공부하지도 않았고, 그렇다고 공부에서 손을 놓고 새로운 무언가를 치열하게 하지도 않았다. 그냥 적당히 공부했고, 적당히 학점을 받았다. 그저 적당히 살던 방식대로 계속 살아도 문제 될 게 없었다. 다들 뭐 이렇게 적당히 살겠거니 생각하면서 살았다.

이렇듯 나는 살면서 크게 도전한 적도, 좌절한 적도 없었다. 당연히 긴 슬럼프 속에서 방황하다 극적으로 극복하는 드라마틱한 성공 사례 같은 것은 전혀 없다. 나는 지극히 실패를 두려워하는 카이스트 학생이고, 좌절했다가 극복한 사례도, 끈질기게 도전해서 몇 번의 실패를 극복하고 이겨 낸 사례도, 긴 방황과 슬럼프를 견디고 결실을 맺은 사례도 없는 평범한 학생이다. 때문에 글쓰기 공모전 주제를 보고 상당히 난감함을 느꼈다. 고민 끝에 비록 사소하지만 대학교에 와서 그나마 내가 가장 공들여 노력한 일에 대해 글을 쓰려고 한다.

목표를 이루지 못했더라도 실패한 것은 아니다

과학고등학교 진학을 준비하고, 입학 후 2년 만에 졸업하는 동안 나는 꽤 많은 시간을 공부에 투자했다. 그러나 그 과정에서 운동을 너무 등한시했던 것이 큰 문제였다. 초등학생 시절에는 태권도를 배우고 친구들과 점심시간에 축구를 하면서 놀았지만 중학교, 고등학교에 가서는 체육 시간 외에는 일체 운동을 하지 않았다. 그마저도 체육 시간에 자습을 하는 일이 잦았고, 기숙사와 수업을 듣는 장소가 가깝게 붙어 있다 보니 일상생활에서 움직이는 일도 거의 없었다.

결국 나는 근육은 미달이고, 지방은 초과인 몸을 가지게 되었다. 또 거의 하루 종일 앉아 있거나 엎드려서 자다 보니 나중에는 허리며 목이며 아프지 않은 곳이 없었다. 특히 2학년 말에는 허리 통증이 점점 심해져 한의원에 침까지 맞으러 다니기도 했다. 대학교 시험이 다 끝나고는 살을 빼서 전보다는 나아지기도 했지만, 대학교 입학 후에는 다시 게으른 생활을 했다. 그렇게 다시 1년간 운동을 하지 않았더니 체력이 점점 떨어지고 있음을 몸으로 느꼈다. 2학년 초반에 조 모임 때문에 밤샘 작업을 연달아 하고 나면 일상생활이 불가능할 정도였다. 그래서 그때부터 열심히 운동을 하기 시작했다.

사실 운동을 계속하던 사람이라면 운동이 쉽다. 한 6개월만 꾸준히 하면 운동이 일상의 일부가 되어서 오히려 안 하면 허전하기도 하다. 하지만 운동 부족이던 사람이 갑자기 규칙적으로 운동을 하기란 참 어렵다. 그래서 처음 운동을 시작하면 피곤해서, 바빠서, 컨디션이 좋지 않아서, 약속이 있어서…… 기타 여러 가지 이유로 운동을 미루는 경우가 대부분이다. 그러다 한 3주만 지나면 운동하기로 결심한 것은 잊어버리게 된다.

그래서 나는 운동을 시작할 때 목표를 잡았다. 코오롱에서 모집하는 오지 탐사대에 지원하는 것이었다. 그 시기에 나는 여러 외부 활동에도 관심을 가지고 있었는데, 다른 어떤 활동보다 오지를 탐사한다는 것에 흥미가 갔다. 그런데 오지 탐사대에 발탁되려면 꽤나 높은 수준의 체력이 필요했다. 턱걸이 15개 이상, 1분에 윗몸일으키기 60개 이상을 해야 했고, 6분 내에 약 1,600미터를 달릴 수 있어야 했다. 그래서 1년 정도의 기간을 두고 운동을 해서 기초 체력을 다져 도전하기로 결심했다. 만약 발탁되지 않더라도 그동안 한 운동이 나에게 충분히 큰 자산이 될 것이라고 생각했다.

이렇게 큰 목표를 세웠고 그다음에는 세부적인 목표들을 잡았다. 우선 턱걸이를 단 하나도 하지 못했고, 턱걸이 실력이 빨리 늘지 않기 때문에 먼저 턱걸이에 집중하기로 했다. 일주일에 세 번씩 등 운동을 했고, 평소에도 길을 가다가 철봉이 보이면 매달려서 버티기 연습을 했다. 그러다 보니 한 달 후에 태어나서 처음으로 턱걸이에 성공했다. 2개월 후에는 5개 정도가 가능했다. 그렇게 꾸준히 운동을 하다 보니 8개월 뒤에는 턱걸이 약 10개, 윗몸일으키기 약 50개까지 가능하게 되었다. 그리고 날이 풀리자 달리기 연습을 시작했다. 달리기는 금방 늘 줄 알았는데, 기초가 생각보다 너무 안 되어 있어서 정말 힘들었다. 그래도 1,600미터를 7분 안에 달리는 수준까지 가능했다.

그러다가 서류 전형 결과가 나왔다. 어이없게도 나는 체력 시험이 아닌 서류 전형에서 탈락하고 말았다. 굉장히 허탈하긴 했지만 신기하게도 화가 나지는 않았다. 1년 동안 꾸준히 운동한 것이 결코 헛된 일이라고 생각하지 않았기 때문이다. 나는 그 1년 동안 건강해졌고 이전에 없던 자신감도 많이 생겼다. 그리고 그동안 열심히 운동을 해 왔던 것이 헛일이 되는 것은 너무 아깝다고 생각했다. 그래서 서류 전형에서 떨어진 후에도 운동을 계속했다.

처음 세운 목표는 사라졌지만 운동을 계속하다 보니 새로운 목표들이 생겼다. 이제는 더 이상 턱걸이, 윗몸일으키기, 달리기 위주로 운동을 할 필요가 없었기 때문에 다른 운동들도 시도해 보았다. 그러면서 좀 더 큰 근육을 가지고 싶어졌고, 좀 더 무게가 나가는 기구를 들고 싫어졌다.

3대 중량 운동인 벤치 프레스, 데드리프트, 스쿼트를 기본으로 그 외에도 가슴, 등, 어깨, 팔, 다리로 부위를 나누어서 나름 체계적으로 운동을 하기 시작했다. 또한 멋진 몸을 만들고자 하는 욕심이 점점 더 커져 프로틴(단백질 보충제)을 챙겨 먹고, 평소에 신경쓰지 않던 식단도 스스로 조절했다. 아침을 꼬박꼬박 챙겨 먹는 습관을 가졌고, 저녁을 고구마나 바나나, 닭 가슴살 그리고 샐러드로 때우기도 했다. 이전보다 더 엄격하게 운동과 식단 조절을 했지만 예전처럼 힘들지 않았다. 매달 내 몸이 변하는 것이 느껴져서 오히려 더 신나게 운동을 했다.

그러던 중 여러 가지 운동법을 찾아 시도해 보았고, 운동을 잘하고 싶은 욕심도 점점 더 커졌다. 그래서 평소에 들던 기구보다 좀 더 무거

비록 오지 탐사대에 뽑히지는 못했지만 체력 시험을 준비하는 동안 나도 운동을 잘할 수 있다는 것을 알았다.

운 것을 들어 내 한계를 시험했다. 확실히 운동 효과가 좋았다. 이전에는 50~60킬로그램 정도밖에 들지 못했는데 운동법을 바꾸고 나서는 금방 80~90킬로그램을 들었다. 점점 더 신이 난 나는 결국 무리를 하고 말았다.

작년 여름방학 때쯤 새로운 운동을 시도하다가 일이 터졌다. 새로운 운동을 할 때는 가벼운 무게로 몇 번쯤 연습해서 몸에 자세를 익히고 시작해야 되는데, 너무 신나서 그랬는지 아니면 방심했던 것인지 모르겠지만 새로운 운동을 갑작스럽게 시도한 것이다. 허리를 숙이고 등에 힘을 주는 운동이었는데, 무거운 기구를 들고 잘못된 자세로 운동을 해 버리니 허리에 심각한 충격이 전해졌던 것 같다.

처음엔 3일쯤 운동을 쉬면 괜찮아지겠거니 생각했다. 허리가 약간 삐끗한 정도일 것이라고 여겼다. 사실 그 이전에도 시험 기간에 오래 앉아 있으면 허리가 조금 아팠기 때문에 별일 아니라고 생각했다. 하지만 통증이 사라지기는커녕 점점 더 심해졌다. 처음에는 운동할 때만 아프더니 나중에는 앉아 있거나 서 있을 때도, 시간이 지나자 누워서 잘 때도 아팠다. 그렇게 한 달쯤 참다가 병원에 갔더니 디스크라는 진단을 받았다.

막 운동에 욕심이 생겨서 열심히 하려는 때에 디스크라니, 게다가 나는 아직 스물두 살인데! 암처럼 생명에 문제가 있는 병은 아니었지만 통증이 없어질 때까지는 운동을 하지 말아야 하고 그 후에도 무거운 무게를 버티는 운동은 조심해야 한다고 했다. 나는 굉장한 충격을 받았고 상심했다. 이 말을 다른 사람이 들으면 무슨 운동선수도 아니고, 운동을 엄청 잘하지도 않는데 충격을 받을 게 뭐가 있냐고 반문할 수도 있다. 하지만 나에겐 굉장히 큰 문제였다. 지금 생각해 보면 그때 나는 운동하지 않으면 다시 고등학교 시절의 지방만 가득했던 나로 돌아갈까 봐 두려웠던 것 같다.

어찌 됐든 의사 말을 따르는 수밖에 없었다. 여름방학 동안 운동을 쉬어야 했고, 그동안 힘들게 운동해서 쌓아 올렸던 것들이 모두 사라지는 느낌이 들었다. 그래도 최대한 긍정적인 마음을 유지하려고 애를 썼다. 나는 통증이 없어지면 다시 운동하면 된다, 이미 어떻게 운동하면 되는지 알고 또 욕심을 부리면 어떻게 되는지 알았으니 그것만으로도 예전과는 다르다고 생각하기로 했다.

처방받은 약을 복용하면서 방학 동안 휴식을 취하니 허리 통증이 많이 줄었다. 통증이 없어지고 나서도 두 달 정도는 그냥 운동을 하지 말까 고민했다. 그래도 어서 허리가 좋아지고, 건강해지고 싶어서 운동을 다시 시작했다. 무거운 기구로 무리하지 않고, 허리를 강화하는 운동 위주로 시작했다.

아직도 오래 앉아 있거나 시험 기간이 되면 허리에 통증이 오긴 하지만 계속해서 허리 강화 운동을 해 주면 점점 더 나아질 것이라고 확신한다. 동시에 무리가 가지 않게 다른 부위의 운동을 하는 요령도 익혀 꾸준히 운동하는 방법을 배웠다.

끈기 그리고 꾸준함이 답이다

오지 탐사대에 지원했다가 1차에서 탈락도 하고 전에 없던 디스크도 생겼지만 그래도 나는 운동을 통해 얻은 것이 더 많다. 우선 좀 더 건강한 생활을 하고 있다. 몸이 건강해지니 운동 외의 다른 일에 더 집중할 수 있게 되었다. 그리고 기본적으로 어떤 일을 하던지 이전보다 자신감 있게 할 수 있다. 고등학교 때까지 아니, 사실은 지금까지 나는 외모에 콤플렉스가 있다. 키도 작고 뚱뚱해서 매사에 자신감이 없었던 것 같다. 지금도 넘치는 편은 아니지만 그래도 이전에 비하면 자신감이 많이 붙었다.

또한 정신적으로도 많은 성숙을 이루었다. 운동을 시작한 뒤 포기할 만한 일도, 유혹도 많이 있었지만 떨쳐 내고 꾸준히 운동하면서 끈기와 인내심이 부쩍 늘었다. 그리고 이를 해낸 나에게 믿음이 생겼다. 사실 놀랍기까지 하다. 불과 4년 전만 해도 세상에서 가장 싫어하는 것 중 하나로 운동을 꼽던 아이가 이젠 허리가 아파서 운동을 못하는 것을 속상해하고, 그럼에도 불구하고 참고 계속해서 운동을 하게 될 줄 누가 알았을까? 내 주위의 사람들뿐만 아니라 나 역시 전혀 상상도 못했던 일이다.

이젠 20대, 30대를 넘어 나이가 들어서도 계속 운동을 꾸준히 할 것 같다는 예감이 든다. 나는 내 생각보다 끈기가 있고, 어떤 일이 힘들어도 성취가 있다면 재미를 느끼며 꾸준히 할 수 있는 능력이 있음을 깨달았다. 그래서 앞으로 수십 년간 하게 될 공부나 연구도 운동처럼 꾸준히, 오래 할 수 있을 것이라는 확신이 생겼다.

이전에는 카이스트에 오긴 했지만 과연 공부나 연구가 내 적성에 맞을지, 적성에 맞더라도 그것을 평생 할 만큼 좋아하는지 의문이 들었다. 그냥 아무 생각 없이 과학자, 공학자의 길을 걷고 있지만 과연 내가 50대, 60대가 될 때까지 끈덕지게 공부하고 계속해서 일이 잘 진행되지 않더라도 참으면서 연구를 할 수 있을지에 대해 의문이 있었다. 공부와 연구는 운동과 다르게 나와 맞지 않을 수도 있겠지만, 이제는 왠지 모르게 공부와 연구 역시 꾸준히 할 수 있을 것이라는 확신이 든다. 내가 그렇게 싫어하던 운동도 꾸준히 하면서 재미를 느끼고 있는데, 공부와 연구 역시 당연히 재미를 느끼게 되지 않을까 생각한다. 물론 운동처럼 포기하지 않고 꾸준히만 한다면 말이다.

결국 어떤 일을 하든 꾸준함이 가장 중요하다는 사실을 알았다. 운동을 할 때도 처음 1년간은 많이 부족했지만 포기하지 않고 꾸준히 노력했더니, 당장은 아니지만 나중엔 큰 성과를 이루었다. 반대로 너무 욕심을 부려 과하게 운동을 했더니 부상을 당해 꾸준히 하고 싶어도 그러지 못하게 되었다.

이는 비단 운동에만 해당되는 이야기가 아니라고 생각한다. 앞으로 나는 연구나 공부를 하는 일을 할 것이라고 예상하지만, 그 외에도 무슨 일을 하든 최선을 다해 꾸준히만 한다면 재미를 붙일 수 있고 좋은 성과를 낼 수 있을 것이다.

물론 그 모든 과정은 매우 힘들 것이다. 처음엔 재미도 없고, 성과도 미비해 포기하고 싶을 테고, 다른 길을 찾는 편이 더 나아 보일 수도 있다. 하지만 이제는 포기하지 않고 꾸준히 하는 것이야말로 가장 효과적이고 빠른 방법임을 이제는 안다. 그 과정에서 너무 과하지도, 너무 미약하지도 않게 꾸준히만 해낸다면 좋은 결과를 얻을 것이다.

앞으로도 매사에 꾸준히만 살아간다면, 삶에 어떤 고비가 닥치더라도 쉽게 극복할 수 있지 않을까. 나는 어떤 일에 도전하고, 그 과정에서 실패와 슬럼프를 극복하고, 결국 결실을 맺게 해 주는 가장 중요한 원동력은 바로 한순간의 번뜩임과 폭발적인 힘이 아니라 오래도록 지속되는 끈질김과 꾸준함이라는 것을 깨달았다.

고등학교 졸업 연구에 바친 1년, 영원히 잊히지 않을 시간

화학과 14 이준만

머리말

평소에 환경문제에 관심이 많던 나는 고등학교 졸업 연구 주제로 토양오염 문제 해결에 관한 연구를 하고자 했다. 2007년에 있었던 태안 해안 기름 유출 사고, 주한 미군 주둔지의 송유관 기름 유출 사건, 구제역 확산을 막기 위한 살처분 과정에서 매장된 가축이 썩어 발생하는 침출수에 의한 토양오염 등 당시에 토양오염 문제가 사회적으로 큰 관심을 모으기도 했었다.

조사를 해 보니 토양오염의 종류에도 여러 가지가 있고, 각각의 오염 원인에 대한 다양한 처리 방법들이 고안되어 있었다. 그중에서 가장 나의 흥미를 자극한 것은 바로 과산화수소수를 사용해 유류 오염을 제거하는 일이었다. 반응성이 높은 과산화수소가 토양 내에 스며들어 있는 유류 성분을 분해해 기체 상태로 날려 보냄으로써 오염을 제거하는 방법이다.

사전 조사 결과 이 방법이 무척 경제적이며, 과정이 그렇게 복잡하지도 않고, 정화 과정 이후 생기는 부산물이 물과 이산화탄소밖에 없기 때문에 친환경적이라는 등 많은 장점을 가지고 있었다. 당시의 나 역시도 그렇게 생각했고 또 여러모로 흥미가 생긴 터라 나는 이를 졸업 연구 주제로 덥석 물어 버렸다. 연구의 '연' 자도 모르는 초짜의 졸업 연구가 그렇게 시작되었다.

역경의 시간

연구의 주된 목적이 과산화수소수를 사용한 유류 오염 정화의 효율 및 이 분해법에 영향을 미치는 요인들에 대한 탐색이었기에, 기체 크로마토그래피(chromatography)라는 기계를 사용해 연구를 진행하면 좋겠다고 지도 선생님께서 말씀하셨다. 토양 시료에 주유소에서 구해 온 경유를 부어 오염된 토양을 만들고, 오염된 토양과 과산화수소를 처리한 토양 사이에 유류의 양이 얼마나 감소하는지를 기체 크로마토그래피 기기를 사용해 분석하는 것이 내 졸업 연구의 필수 과정이었다.

크로마토그래피라는 분석 방법에 대해서는 과학에 관심이 있는 학생이라면 누구나 한 번쯤 들어 봤을 것이다. 간단히 설명하자면 서로 다른 물질의, 고정상과 이동상과의 상호작용 크기가 다른 것을 바탕으로 혼합물을 각각의 순물질로 분리하는 방법이다. 기체 크로마토그래피는 이러한 크로마토그래피의 한 방법으로써 정지상으로 특수 물질로 코팅이 된 가느다란 관 그리고 이동상으로 순수한 질소 기체를 사용한다. 그때까지만 해도 나는 이 기체 크로마토그래피 기계가 한 달 동안이나 내 골머리를 썩일 줄은 꿈에도 몰랐다.

실험실에 간 첫날, 최첨단 분위기가 물씬 풍기는 멋진 디자인의 기계들을 뒤로하고 내가 마주한 것은 방 한쪽 구석에 처박혀 먼지가 소복이 쌓인, 1990년대 분위기가 나는 기계였다. 기계 작동법을 제대로 배우려면 자동화되어 있는 최신 기계보다 처음부터 끝까지 손으로 작업해야 하는 아날로그식 기계부터 배워야 한다는 게 내 지도 선생님의 교육철학이었다. 그랬다. 내가 졸업 연구를 하면서 맞닥뜨린 문제는 바로 근 2년 동안 아무도 건드리지 않은 이 기체 크로마토그래피 기계를 복구하는 것이었다.

기계와의 어색한 첫 만남 이후, 내가 넣어 준 시료 이외에 다른 미지

지난 2년간 연구실 한쪽에 처박혀 있던 기체 크로마토그래피 기계.

의 물질이 검출되는 것을 확인했다. 며칠 동안의 시험 가동 후에야 그 원인을 발견할 수 있었다. 바로 기체가 흐르는 관 안에 습기와 실험실 내 공기에 섞여 있던 미지의 물질들이 눌어붙어 있었던 것이다. 2년이라는 긴 시간 동안 눌어붙은 불순물들은 떨어질 기미가 보이지 않았다. 갖은 방법을 시도한 끝에 관을 300도까지 가열하고 한동안 건조된 질소 기체를 관 안에 불어넣어 주어 문제를 해결할 수 있었다.

한 달 정도 기계를 붙잡고 씨름하다 보니 기계가 정상 작동을 하고 있는지, 그렇지 않다면 어느 부분에 문제가 있는지를 알 수 있었다. 이렇게 처음 한 달은, 지도 선생님의 표현을 빌리자면 '기계와 교감하는 방법'을 하나씩 터득해 가는 시간이었다.

기계를 정상적으로 작동시키는 데까지 성공한 나에게 찾아온 두 번째 문제는 과산화수소를 통한 기름 분해가 생각처럼 잘되지 않는다는 점이었다. 나는 처음 계획한 대로 흙에 기름을 부어 오염시키고, 그 오염된 시료에 과산화수소를 처리하고 난 후의 기름 양 변화를 기체 크로마토그래피를 통해 확인하고자 했다. 이론대로라면 분명히 과산화수소수 처리 전후의 유류의 양이 줄어들거나 조성이 바뀌어야 했지만 그 어떠한 실험적 근거도 발견하지 못했다. 기름이 하나도 분해되지 않은 이유가 과산화수소수와 기름이 섞이지 못하고 서로 층을 져 버렸기 때문임을 깨닫는 데에는 한 달의 시간이 더 들었다.

기름은 소수성 물질이기 때문에 물과 섞이지 않고 층을 이루는 성질을 가진다. 반면에 과산화수소는 친수성이며 물에 잘 녹는 성질을 가진다. 이로 인해 그냥 과산화수소수와 기름을 혼합하면 얼마 지나지 않아 물 층과 기름 층으로 분리되며, 과산화수소와 기름 사이에 반응을 진행할 수 있는 표면적 자체가 줄어들기 때문에 반응이 잘 일어나지 않는다. 반면에 실제 유류로 오염된 토양에서는 기름이 토양을 이루는 미세한 광물 입자들 사이사이에 퍼져 있는데, 여기에 과산화수소수를 혼합하면 액체를 섞었을 때와 비교해 반응할 수 있는 표면적이 수십 배 이상 증가하며 반응 속도가 빨라진다. 이와 더불어 토양 내 광물 입자가 기름과 과산화수소 사이의 반응에 촉매 역할을 하는 등 여러 효과들로 인해 토양 내 기름 성분이 분해되는 것을 확인할 수 있다.

처음 실험을 진행할 때에는 무턱대고 기름과 흙과 과산화수소수를 섞은 탓에 기름 성분이 흙에 잘 스며들지 않은 상태에서 과산화수소를 넣기도 하고, 흙을 상대적으로 너무 적게 넣은 나머지 과산화수소와 기름 성분이 층을 이룬 상태에서 실험을 했던 경우도 있었다. 나는 이내 기름과 과산화수소를 모두 포함할 수 있는 충분한 양의 흙에서 기름과 과산화수소를 혼합했고 기름 성분의 양이 감소함과 동시에 그 조성비까지 변화한다는 사실을 확인할 수 있었다.

생각해 보면 이 문제는 내가 오염된 토양을 잘못 재현했던 것에서 비롯됐다. 실제 유류 오염 현장에서 기름이 토양에 스며들 때에는 기름이 퍼질 수 있을 만큼 넓게 퍼지는데, 내가 실험실에서 재현한 오염된 토양은 비커 바닥으로 막혀 있었기 때문에 기름을 너무 많이 넣으면 실제 오염된 토양보다 훨씬 높은 유류 함량을 가진 혼합물이 만들어졌다. 이렇게 되면 앞서 언급했던 기름 성분과 과산화수소수가 서로 층을 이루게 되며 기름 분해 반응이 원활하게 진행되지 않는다. 실제 현장에서 이루어지는 처리 과정을 실험실에서 재현해 낼 때에 주의가 필요하다는 것을 깨달은 귀중한 경험이었다.

졸업 연구를 진행하면서 겪었던 마지막 고민거리는 바로 충분한 횟수의 실험을 통한 재현성 확보였다. 재현성 확보만큼 과학에서 기본적이고 중요한 것은 없다. 단순히 여러 번 실험을 하는 것이 뭐 그리 어려운 일이냐고 반문할 수도 있지만 아무래도 고등학생의 신분이라 학기 중 수업과 숙제 그리고 시험과 같은 다른 일정들도 소화해야 했기 때문에, 실험 일정을 넉넉하게 확보하는 것이 쉽지 않았다. 그러다 보니 주로 방학 기간이나 연휴 기간을 활용해 한꺼번에 실험을 진행했고, 밤을 새워서 실험을 하는 일도 종종 있었다. 바빴던 날들 중에서도 지도 선생님과 밤샘 실험을 했던 어린이날 연휴가 가장 기억에 남는다.

부메랑이 되어 돌아온 결과물

졸업 연구를 진행하면서 지식적인 측면에서도 정말 많은 것을 배웠지만, 그것들을 넘어서 '어떻게 문제를 해결할 것인가?'에 대한 노하우를 터득한 것이 가장 값졌다. 앞서 이야기했던 굵직굵직한 것들 외에도 정말 다양한 문제들이 생각지도 못한 곳에서 발생하곤 했다. 이러한 문제들을 해결하는 데 있어서 가장 큰 도움이 되었던 것은 바로 끊임없는 토론이었다. 무언가 궁금하거나 이해되지 않는 문제가 발생할 때마다 지도 선생님, 주변의 친구들과 이해가 될 때까지 끊임없이 토론하곤 했는데, 그때 들인 습관은 지금 카이스트에서 연구를 진행하는 데 큰 밑거름이 되고 있다.

또 다른 성과는 전공 서적과 기계 매뉴얼을 찾아보는 습관을 기른 것이다. 지금 내가 궁금하고 이해되지 않는 문제들은 선배들 그리고 그보다 더 이전의 과학자들에게도 똑같은 고민거리였을 테다. 그래서 많은 경우 그들이 해답을 내놓았다. 이들 선대 과학자들의 숨결이 느껴지는 노하우들은 그리 먼 곳에 있지 않았다. 의문이 생기면 책을 찾아보고 논문을 검색하며 의문을 풀어 나가는 습관은 졸업 연구를 진행하면서 내 몸에 배었다.

1년 동안 졸업 연구를 하면서 들인 노력이 헛되지 않았는지, 학년 말에 나는 졸업 연구 결과를 가지고 국제 전람회에 출전하는 꿈같은 기회를 얻었다. 처음 지도 선생님께서 국제 전람회에 출전해 보라고 하셨을 때 '이 연구 결과를 가지고 가기에는 국제 전람회라는 자리가 너무 크지 않나?'라는 생각부터 들었다.

연구를 진행하면서 여러 가지 문제점들을 해결하고, 과산화수소를 사용해 기름으로 오염된 흙 샘플에서 기름 성분을 제거하는 데까지 성공하기는 했다. 하지만 재현성 있는 실험 데이터를 충분히 모으지 못했고, 더 나아가 심화적인 논의를 진행하기에는 좀 더 많은 실험이 필요하다고 생각했기 때문이다. 처음에는 붙으면 대박, 떨어져도 본전이라는 생각으로 신청서를 넣었는데 막상 국내 대표 선발 면접에 합격했다는 소식을 듣자 기쁘면서도 한편으로는 너무 과분한 자리에 참석하는 것 같아 부담스러웠다.

내가 참석했던 ICYS(International Conference of Young Scientists) 전람회는 아시아 그리고 남아메리카에서 온 200여 명의 고등학생들이 출전하는 굉장히 큰 행사였다. 구두 발표와 포스터 발표는 물론이고 다양한 문화 교류 행사, 전람회 개최지였던 인도네시아 발리 섬 이곳저곳을 여행하는 일정 등 일주일 동안 진행되었다.

ICYS 전람회 기간 중에 포스터 옆에서 찍은 내 사진.

어떻게 발표를 준비할지 정말 많은 고민을 했지만 일반적인 연구 발표처럼 결과에 집중하는 평범한 발표보다는, 지난 1년 동안 내가 졸업 연구를 어떻게 진행해 왔는지에 대한 이야기를 하고 싶었다. 솔직하게 말하자면 심사 위원 분들이, 아는 것은 콩알만큼인 고등학생에게 얼마나 대단한 연구 결과를 기대하겠느냐는 게 내 생각이었다.

나는 실험 결과보다 더 중요한 것은 내가 연구를 어떻게 진행했는지, 내가 어떻게 어려움을 극복해 나갔는지에 대한 이야기를 하는 것이라고 생각했다. 그래서 실험을 진행하면서 발생했던 여러 가지 문제들 그리고 그것들을 어떻게 해결하고자 했는지 이를 통해 얻은 실험 결과가 무엇인지에 대해 찬찬히 설명하는 발표를 준비했다.

내 발표 순서를 기다리는 시간까지는 정말 초조했지만 발표를 시작하고 나서부터는 오히려 내가 더 열정적으로 변했던 것 같다. 내 1년 동안의 연구를 다른 사람에게 발표한다는 것이 얼마나 즐겁고 보람찬 일인지 깨달았고, 더불어 그동안 나의 노력이 헛되지 않았음을 느낄 수 있었다.

남은 전람회 기간 동안 새로 사귄 친구들과 함께했던 즐거웠던 시간, 발리의 아름다운 밤 바닷가 풍경, 난생처음 보았던 남반구의 밤하늘이 아직까지 생생하게 기억난다. 심사 위원 분들께서 내 발표를 인상적으로 들었는지, 행사 마지막 날에는 환경 분야 발표 부문에서 금메달과 스폰서 트로피까지 수상하는 영광을 누리기까지 했다. 정말이지 그간의 노력에 비하면 너무나 과한 대접을 받은 것 같았다. 1년 동안 졸업 연구를 하면서 들인 노력이 이렇게 뜻밖의 행운으로 돌아올 줄 누가 알았을까?

맺음말

끝이 창대하게 마무리된 것 같지만, 지금 생각해 보면 내가 고등학교 졸업 연구에 바친 1년의 시간은 엄청난 역경을 이겨 낸 성공 신화와는 거리가 좀 멀다. 오히려 연구를 진행하면서 끊임없이 발생하는 사소한 문제점들을 하나하나 해결해 나가는 인고의 시간이었다는 표현이 좀 더 적절하지 않을까 싶다.

내가 고등학교 졸업 연구에 매진한 1년의 시간은 문제가 발생했을 때 어떻게 해결해야 하는지에 대한 노하우를 배운 시간이었다. 그리고 당장은 노력의 결과가 눈에 보이지 않는다 해도 하루하루 성실하게 쌓은 작은 노력들은 이후 상상도 하지 못할 만큼 거대한 보람과 희열로 돌아온다는 것을 깨닫게 해 준 시간이었다. 어쩌면 연구자의 길, 과학자의 길, 그를 넘어선 인생 역시 판타지 소설이나 대서사시에 나올 법한 엄청난 역경을 이겨 내는 이야기보다는, 날마다 등장하는 사소한 골칫거리들을 해결하는 과정에 더 가깝지 않을까? 앞으로 과학자의 길을 걸어가면서 졸업 연구를 하느라 1년 동안 연구실을 지키며 얻었던 교훈을 결코 잊지 않으리라.

자유, 구속 그리고 대학 생활

생명화학공학과 13 신동엽

짐을 풀고 나를 풀다

2013년 2월 말, 나는 카이스트 기숙사에 짐을 풀었다. 스무 살 때까지 명절을 제외하곤 항상 서울, 그나마도 집 근처를 벗어나 본 적이 없었다. 그런 나에게 갑작스런 대전에서의 대학 생활은 설레면서도 혼란스러웠다.

아직도 기숙사에 들어온 첫날이 기억난다. 아무것도 안 했기 때문이다. 침대에 누워 하염없이 천장만 보고 있다가 잠들었다가 깨서 밥 먹고 누워 있다가 다시 잠들었다. 또다시 깨 보니 다음 날 아침이었다. 아니, 사실 아침이라고 할 수도 없었다. 정오가 넘은 시각이었으니까. 아침에 일어나서 머리맡에 둔 휴대전화를 켜고 이미 낮 12시가 넘었음을 확인했을 땐 왠지 모를 죄책감이 들었다. 무언가 큰 잘못을 저지른

듯한 기분을 지울 수 없었다. 고등학교 때 그랬다면 어머니의 등짝 스매싱을 피할 수 없었을 테니 말이다.

그렇게 기분이 찜찜한데도 배는 고팠던 것 같다. 찜찜한 기분과 주린 배를 안고 학생 식당으로 향했다. 마침 주머니에 2,500원이 있어서 그때나 지금이나 최고의 가성비를 자랑하는 식당 '뚝배기'에 가서 제육덮밥을 먹으며 아침에 느꼈던 찜찜한 기분에 대해 생각해 보았다. 무엇 때문에 그리도 죄지은 것 같은 기분을 느꼈단 말인가? 그때 정답과 해결책을 찾았다면 좋았겠지만, 때마침 내 앞에 카이스트에 입학하기 전부터 자주 어울리던 친구가 앉았다. 상태를 보아 하니 이 친구도 지금 일어나 털레털레 슬리퍼를 끌고 학생 식당을 찾은 모양이었다. 심지어 시켜 먹는 메뉴까지도 나와 같았다. 새삼 신기하지도 않았다. 그 친구와 이야기를 하다 보니 자연스럽게 저녁에 술 한잔을 하기로 했다. 나는 친구와 헤어져 기숙사로 들어가 한숨 잔 뒤 술자리로 향했다.

나는 그때나 지금이나 술을 좋아한다. 더구나 그때는 남는 게 시간이었다. 시간이 남는 만큼 내 앞에 놓인 술잔의 술은 빠르게 없어져 갔다. 또 그만큼 내 기억도 빠르게 없어져 갔다.

다음 날 아침이 되었다. 그날 아침은 휴대전화를 켜고 말고 할 겨를도 없었다. 머리가 미치도록 아팠다. 당연하게도 전날 느꼈던 찜찜함에 대해선 생각할 수 없었다. 그렇게 일주일이 지나고 한 달이 지나고 한 학기가 지났다.

1학년 1학기, 그 한 학기 동안 삶에 대한 성찰 같은 것은 하지 않았다. 그저 자유가 좋다고 생각했다. 통금이 없는 기숙사, 24시간 영업하는 술집들, 몇 번 정도는 결석해도 괜찮다고 생각했던 수업들, 다 좋았다. 하지만 지금 생각해 보면 그건 자유가 아니었다. 나는 그저 편안함만을 찾았다. 그 당시엔 그게 큰 잘못이라고 생각하지 않았다. '서 있으면 앉고 싶고, 앉으면 눕고 싶고, 누워 있으면 자고 싶은 게 인간의 본능이 아니던가? 배고플 때 밥을 먹는 것과 무엇이 다르단 말인가?' 하고 스스로를 속였다.

내려간 숫자, 올라간 숫자

이처럼 안일했던 생각이 바뀐 것은 첫 학기 성적이 나오고 나서였다. 정확한 날짜도 기억난다. 2013년 7월 4일이었다. 그날은 성적이 나온 날이기도 했지만, 신체검사 날이기도 했다. 충격이었다. 일단 학사경고 근처의 학점을 받았다. 그리고 신체검사에서 측정한 나의 체중은 불과 6개월 전보다 10킬로그램이나 늘어 있었다. 집에 돌아와 샤워를 하며 거울을 보았다. 볼품없었다. 어려서부터 태권도와 합기도로 다져져 있던 탄탄한 몸은 알코올에 모두 녹아 버린 모양새였다. 늘어진 뱃살이 딱 구멍 난 공기 인형처럼 힘없이 고개를 떨구고 있었다. 그리고 대학에서의 첫 성적을 물어보시는 부모님의 질문에 나의 고개가 떨구어졌다.

이런 적은 처음이었다. 일반 인문계 고등학교를 나왔기에, 나의 성적은 항상 최상위권이었다. 고등학교 시절 부모님이 성적을 물어보시면 왠지 기분이 좋았다. 초등학생처럼 백 점짜리 시험지를 들고 가서 칭찬을 구걸할 수는 없는 노릇이었으니까 말이다. 부모님도 그걸 아셨기에 성적이 나오는 날이면 미리 물어봐 주셨던 것 같다. 그날도 아마 그런 의미로 먼저 물어봐 주신 것 같았다. 나는 성적을 묻는 질문에 선뜻 대답을 못하고 고개를 떨구는 아들을 바라보는 부모의 심정을 모르지만, 표정만은 잘 안다. 그때 부모님의 표정을 잊지 않으려 노력했기 때문이다.

나는 조용히 방으로 들어가 생각했다. 내가 무엇을 해야 하는지, 왜 이렇게 되었는지……. 내가 내린 결론은 나에게 너무 많은 자유가 주어졌다는 것이다. 그래서 나는 일단 나를 구속하기로 했다. 먼저 나는 편안함만을 찾아다니는 몸뚱이부터 구속하기로 했다.

돌이켜 보니 이 몸에는 너무나 많은 자유가 주어졌었다. 기숙사는 통금이 없고, 주변에는 24시간 운영하는 편의점과 패스트푸드점, 술집이 많았다. 언제든 먹고 싶은 것을 먹고 마시고 싶은 것을 마실 수 있었다. 입에 쓴 것은 먹지 않았고, 달고 맵고 짠 음식만 찾았다. 입에 그것들이 편했기 때문이다. 운동 또한 별로 하지 않았다. 밥도 귀찮으면 시켜 먹고, 술을 마시러 갈 때는 대개 택시를 탔다. 이렇게 편안함을 추구했던 습관들은 살이 되어 내게 돌아왔다.

벨트를 조이다

우선 딱 한 달만 밀가루와 술을 끊기로 했다. 저녁 6시 이후로는 물 이외엔 먹지도, 마시지도 않았다. 그리고 운동을 시작했다. 혼자 하면 중간에 포기할 것 같아 유도부에 들어가 운동을 했다. 아마 이때가 내 몸이 가장 힘들었던 시기가 아닐까 싶다.

멋모르고 들어갔던 유도부의 훈련은 굉장히 힘들었다. 불행인지 다행인지 그때의 주장 선배가 엄청난 체력의 소유자였고, 그에 걸맞게 체력 훈련을 좋아하셨다. 인간적으로 굉장히 좋아하고 존경하는 선배였지만, 운동할 때만큼은 정말 싫었다. 첫 훈련을 하고 나서 일주일 동안 온몸에 알이 배겼던 걸로 기억한다. 그래도 그 덕에 저녁에 배가 고파도 먹으러 나갈 힘이 없어서 식단 조절은 잘되었다.

일주일이 지나자 운동에 적응이 되었다. 그리고 한 달 동안은 유도와 운동에 미쳐 살았다. 아침 7시에 일어나서 30분간 학교 운동장을 뛰고 그다음 신뢰관 헬스장에 가서 30분간 웨이트 트레이닝을 했다. 8시

한 달 내내 유도에 미쳐 살았더니 몸이 가벼워지고 정신이 맑아졌으며 성적이 올랐다. 내게는 기적과도 같은 결과였다.

에는 무조건 아침을 챙겨 먹었다. 수업이 끝나면 5시 반부터 7시 반까지 유도를 했다. 훈련 전후 체중 차이가 1.5킬로그램이나 날 정도로 열심히 했다. 그리고 다시 신뢰관에 가서 헬스를 했다. 밤 11시가 되면 쓰러져 바로 잠들었다. 그리고 또다시 아침 7시가 되면 운동으로 하루를 시작했다.

이 생활을 딱 한 달간 하고 나니 몸에 엄청난 변화가 생겼다. 우선 78킬로그램이었던 몸무게가 68킬로그램으로 줄어들었다. 그리고 수업 시간에 단 한 번도 졸지 않았다. 몸이 가벼워지고 정신이 맑아지니 생활이 편해졌다. 3층 정도만 올라가도 숨이 찼던 내가, 이젠 정문술 빌딩 꼭대기까지 계단으로 올라가도 힘이 들지 않는다.

수업 시간에 앉아 있는 것조차 힘겨워했던 내가, 모든 수업에서 단 한 번도 졸지 않게 되다니 신기할 따름이었다. 몸 편하게 살면서 찐 살을 빼고 나니 오히려 삶이 편해졌다. 그리고 성적도 아주 좋은 성적이라고 할 수는 없지만 많이 향상되었다. 2학기 성적표를 받고 나서 굉장히 놀라웠다. 운동에 미쳐 사느라 첫 학기보다 공부를 덜 했으면 덜 했지, 더 하진 않았기 때문이다.

구속하는 자유

겨울방학 동안 무엇이 달라졌기에 나라는 사람이 이렇게도 많이 바뀌었을까 생각해 보았다. 답은 목표였다. 첫 학기에 나는 목표가 하나도 없었다. 아마 고등학생 3년 내내 가지고 있던 카이스트라는 목표를 상실해 방황하는 상태였던 것 같다. 분명 카이스트에 입학해 무엇을 하고 무엇을 이루어 무엇이 되겠다는 창대한 꿈이 있었다. 하지만 카이스트에 입학했다는 커다란 기쁨이 목표를 잠시 잊고 기분이 좋을 대로 해도 된다고 속삭였던 것이다. 또한 마침 카이스트라는 학교는 그 당시의 나에게는 과분할 정도로 많은 자유가 주어진 곳이었다. 나는 오히려 자유에 구속당했다. 대학 생활은 모든 게 자유로울 것이라는 생각에 마음 가는 대로 행동했지만 오히려 그 자유로움 때문에 많은 것을 잃었다. 건강을 잃었고, 학점을 잃었고, 시간을 잃었다.

두 번째 학기는 잃어버린 것을 되찾자는 목표로 살았다. 잃어버린 건강을 되찾으려 노력했고, 나태해진 정신을 일깨우기 위해 노력했다. 쉽지는 않았다. 나를 구속하다가 나의 전부를 잃어버릴 것만 같았다. 밤에 술을 마시자는 친구들의 연락을 뿌리칠 때마다 그 친구들이 이제는 나를 부르지 않을 것 같아서 두려웠고, 고된 훈련을 마치고 침대에 누우면 이러다가 몸이라도 망가질까 봐 두려웠다. 그래도 일단은 참고 버텼다. 그랬더니 나에게 돌아온 것은 예전처럼 건강한 몸과 좀 더 나아진 학점이었다. 그리고 다행히 내 친구들은 술 한잔 같이 안 한다고 떠나 버릴 이들이 아니었다.

그리고 그다음 학기에는 나의 나태함 때문에 하지 못했던, 더 많은 경험을 하고 더 많은 사람들을 만나려고 노력했다. 조금만 주의를 기울여 찾아보니, 카이스트라는 학교에는 기회가 많았다. 일단 학과 사람들을 만나고 싶어 과 학생회에 지원해 학생회 활동도 해 보고, 여러 동아리에 가입해 다양한 취미를 가진 사람들을 만나 보았다. 그런데 새로운 사회에 들어가 새로운 사람들과 생활하다 보니 자연스럽게 술자리가 잦아졌다. 아마 첫 학기에 이런 모임에 참석했다면, 오늘만 산다는 생각으로 '부어라, 마셔라' 했을 것이다. 하지만 그때는 그러지 않았다. 스스로 음주에 대한 선을 그었다. 맥주는 1.5리터, 소주는 1병까지, 술은 한 종류로 12시까지만. 내 스스로 세운 술에 대한 규칙이다.

그랬더니 놀랍게도 세 번째 학기의 성적은 두 번째 학기보다 높았다. 여전히 운동도 많이 하고 있었고, 가입한 단체도 많아졌는데 말이다. 나도 내가 신기해서 왜 이런 결과가 나왔을까 생각해 보았다. 그렇게 천천히 내 주변을 보니 나도 모르게 나의 생활 이곳저곳에 나만의 규칙이 있었다. 음주에 대한 규칙뿐 아니라, 컴퓨터 사용에 대한 규칙, 식습관에 대한 규칙, 사람을 대하는 규칙 등 거의 나의 생활 모든 곳에 규칙이 있었다. 나도 모르게 계속 나 자신을 구속해 왔던 것이다.

살짝 덜 마른 오징어

그렇게 나 스스로를 구속해 온 결과, 지금의 내가 되었다. 꾸준히 스스로를 다독여 가며 유도를 열심히 수련한 결과 현재 유도부 훈련부장이 되었고, 자랑 같지만 지난 주 토요일에 대전시 유도 대회에서 금메달을 땄다. 학점도 매 학기 조금씩 올라가고 있다. 또 작은 귀찮음을 포기했더니 나에게 많은 기회가 찾아왔다. 기업에서 인턴 생활도 해 볼 수 있었고, 과 학생회 활동도 할 수 있었다.

나는 이제 4학년 졸업반이 되었다. 지금 나에겐 또 다른 선택의 자유가 주어졌다. 대학원에 진학할지, 군대를 다녀와 취직을 할지 혹은 공무원 시험을 준비할지 등 선택지가 주어졌고 그에 따른 결과는 내가 받아들여야 한다. 만약 예전의 나였다면 조금 더 편해 보이는 길, 조금 더 쉬워 보이는 길을 택했을 것이다. 적어도 결코 입대를 고민하지는 않았을 것이다. 하지만 이젠 편안함을 위해 택한 결과가 나에게 무엇을 빼앗아 가는지를 안다.

나는 대학 생활 동안 허리 치수가 계속 줄어 벨트를 조여야 했다. 예전이라면 숨이 막혀 죽을지도 모를 정도까지 벨트를 조여야 바지가 흘러내리지 않는다. 사실 조금의 여유도 있다. 벨트가 조여질수록 내 몸은 가벼워졌고 정신은 맑아졌다. 사람마다 다르겠지만, 나라는 사람은 이렇게 조여야 발전하는 사람인 것이다.

마른 오징어에서도 진액이 나온다는 말이 있다. 보통은 탐관오리들이 백성들을 착취할 때 쓰는 말이지만, 나에게는 다른 의미이다. 주어진 상황에서도 더 조이면 할 수 있다는 의미다. 나는 항상 살짝 덜 마른 오징어인 상태로 살아가고 싶다. 약간의 여유를 가지고 있으면서 생물 오징어처럼 흐물거리지 않게, 하지만 조이면 진액을 내뿜을 수 있도록 말이다. 항상 벨트를 조이고 앞으로 나에게 다가올 미래를 준비하고 있겠다.

모루 없이 대장장이가 되는 법

항공우주공학과 13 이동욱

1

방학이 끝났다. 기숙사 이사를 마치고 하루 동안의 먼지와 피로를 씻기 위해 샤워를 하고 침대에 누워 잠을 청했다. 아침에 눈을 뜬 나는 예능 프로그램을 보며 상쾌하게 하루를 시작하기 위해 노트북을 켰다. 여섯 학기를 동고동락해 온 노트북이 요란한 소리를 내며 켜졌다. 요란한 소리를 들으니 노트북이 괜찮은 것인지 의문이 들었다. 내 일곱 번째 학기가 노트북 고장과 함께 위기에 빠지는 것은 아닐까? 그래서 필요 없는 파일들을 지우면서 노트북을 정리하기로 했다.

지난 3년 동안 저장했던 많은 파일들이 노트북에 담겨 있었다. 하나씩 볼 때마다 지난 추억들이 새록새록 떠올랐다. 한때 빠져서 보았던 미국 드라마 〈왕좌의 게임〉 전 시리즈와 동아리 활동을 하며 만들었던 파일들, 장학금 신청서, 지금까지의 수업 자료들, 참여했던 캠프 자료들 등을 보자 입가에 미소가 번졌다. 그중 눈에 띈 파일이 하나 있다. 바로 1학년 때 한 프로그램에 참가하고자 작성했던 신청서였다.

2

2013년 나는 카이스트에 입학했다. 기숙사에 입사를 해서 짐을 정리하고 같은 새터반(카이스트는 무학과로 시작하기 때문에 학교 적응을 위해 학생들에게 반을 정해 준다) 친구들을 만나는 모든 일들이 도무지 실감이 나지 않았다. 익숙하던 고등학교와 광주를 떠나서 낯선 학교 그리고 대전에 있으려니 떨림이 멈추지 않았다. 그렇게 나는 새로운 시작을 앞두고 있었다.

공부만 했던 고등학교를 벗어나 대학에 오니 공부를 하기가 싫었다. 나중에 대학 생활을 떠올렸을 때 공부만 떠올리고 싶지 않았다. 못해본 경험에 도전한다는 사실은 두렵지만 공부만 하는 대학 생활은 더 두려웠기 때문에 이런저런 정보를 찾아보기 시작했다. 그러던 중 한 프로그램에서 멘토를 모집한다는 글을 보았다. 나는 꼭 하고 싶다는 마음을 품고 신청서를 작성하기 시작했다. 하지만 신청서를 상세히 보는 순간 당황하고 말았다. 관련된 경험을 적는 칸에 적을 사실이 단 하나도 없었기 때문이다. 그래도 동기를 잘 적으면 될 수 있을 것이라는 희망을 안고 신청서를 작성하고 제출했다. 작은 희망을 품었지만 결과는 탈락이었다.

신청서를 작성하면서 당황한 순간, 탈락이라는 결과는 이미 예상하고 있었다. 하지만 그 예상이 내 마음을 위로해 주지는 못했다. 내가 원하는 새로운 활동을 하기 위해서는 관련된 경험이 있어야 한다는 사실이 나를 화나게 했다. 그럼 '경험 없는 사람은 계속해서 경험을 못하는 것 아닌가?'라는 의문이 들었고, 불합리하다는 생각을 했다. 적을 경험이 하나도 없다는 사실에 당황했고 경험이 없는 상황에서 그런 경험을 하는 것이 어렵다는 사실에 화가 났다. 그렇게 나는 아무런 활동도 하지 못하고 1학년을 보내고 있었다.

그러던 중 새터반 친구가 활동하고 있는 단체에 대한 이야기를 들었다. 그 실천 리더십 단체는 'K-Let'이라는 이름을 가지고 있었다. 친구의 소개에 의하면 그 단체는 여러 활동을 하고 있었다. 활동의 공통 주제는 자신의 이야기를 초·중·고등학교 학생들에게 전달하는 것이었다. 적게는 20명 많게는 300명 앞에서 자신의 이야기를 들려주는 단체라고 소개를 해 주었다. 듣는 순간 거부감이 들었다. 초·중·고등학교 시절 손을 들고 발표도 못했을 만큼 시선을 받는 것을 두려워했기 때문이었다. 하지만 그 순간 다른 생각도 들었다. 공부 외에 다른 활동들을 하고 싶어 하면서 그 활동들을 두려워하는 내가 너무 창피하고 한심했다. 그래서 그 단체에 들어가서 나의 두려움을 극복하고 싶다고 생각했다.

나는 K-Let 지원서를 작성하고 제출했다. 그리고 면접을 보았다. 나는 운이 좋게도 K-Let과 함께할 수 있게 되었다. 그렇게 K-Let과의 인연은 나의 대학교 1학년 겨울방학부터 시작됐다. 그 겨울방학에 나는 3개의 캠프에 참여했다. 캠프 참여자인 나와 다른 K-Let 회원들이 수업 내용과 시간표 등 모든 기획을 해야 했다. 방학 중에 진행이 되었기 때문에 시간은 많았다. 선배님들은 신입인 나를 배려해 작은 수업을 나에게 맡겨 주셨다. 잘해야겠다고 다짐했고 내 나름대로 열심히 준비했다. 하지만 준비한 자료를 보여 주고 피드백을 받는 시간에 정말 많은 지적을 받았다. 내용에 대한 이해 부족 때문이기도 했지만, 가장 많이 혼난 것은 자신감 없는 발표 자세였다.

막상 도전을 해 보았지만 발표 자료를 찾는 것, 발표 자료를 보기 쉽게 정리하는 것, 발표하는 것 등 발표의 처음부터 끝까지 익숙한 부분이 없었다. 단 10분 동안 앞에서 말하는 것이었지만 쉽지 않았다. 나는 지적받은 부분을 계속해서 고쳐 나갔다. 그사이 3주가 지나고 '교직원 자녀 캠프' 가 시작되었다. 2박 3일간의 캠프에서 앞에 나선 나는 10분 동안 많이 떨었고 발표를 망쳐 버렸다.

연습과 실전은 많이 달랐다. 아이들은 생각하지 못한 부분에서 질문을 던졌고 나는 당혹감을 숨기지 못했다. 아이들의 질문에 말을 더듬거렸고 대답을 하지 못한 상태에서 다음 내용으로 넘어가기를 반복했다. 우여곡절 끝에 10분이 지났다. 마음은 공허했고 아무 생각이 나지 않는 상태로 뒤쪽 의자에 털썩 앉았다. 옆에 있던 친구가 잘했다고 말해 주었지만 창피했고 캠프가 빨리 끝나기만 바랐다.

캠프가 끝나고 나의 자신감은 더욱더 바닥을 향했다. '괜히 K-Let에 들어왔나?', '공부만 해야 하나?'라는 생각이 계속 들었다. 아직 2박 3일 캠프가 2개 더 남아 있는 상황에서 나는 고민에 빠졌다. 하지만 이미 하겠다고 말했으니 단체를 그만둘 수는 없었다. 나는 마음을 다잡고 캠프 기획 회의에 갔다. 다음 캠프에는 더 큰 도전이 기다리고 있었다. 선배님들은 나에게 더 큰 기회를 주셨고, 나는 1시간가량의 수업을 준비해야 했다. 나는 이번이 마지막이라는 생각으로 진짜 잘해 보자고 다짐했다.

나는 '어떤 수업을 만들어야 할까?' 고민하면서 일주일을 보냈다. 하지만 아무 생각이 나지 않았고, 곧 회의 날이 다가왔다. 회의 전 식사 시간에 회원들의 이야기는 들리지 않았다. 오직 수업 주제만을 계속 생각했다. 그러다가 내 작은 눈이 번쩍 뜨였다. 내가 대학 입학 후 가졌던 바람이었다. 공부 이외에 다른 활동들을 하고 싶다는 생각을 다른 말로 바꾸어서 '다양한 경험을 하자.'라고 주제를 정했다. 스스로 했던 생각이었기 때문에 떳떳하고 자신감 있게 이야기할 수 있을 듯했다.

다양한 경험이 중요한 이유와 고등학생이 다양한 경험을 할 수 있는 방법 그리고 나의 이야기를 풀어 수업 내용을 만들었다. 나는 피드백 시간에 내용을 자신 있게 소개했다. 그리고 갖가지 조언을 들었다. 그중 한 가지는 "경험을 하고 어떤 생각을 했어?"라는 질문이었다. 나는 놀랐다. 어떤 경험을 하고 나서 그에 대한 생각을 해야 한다는 시각이 새로웠다. 나는 그냥 해 보면 되는 것이라고 생각했다. 그때 새로운 경험, 도전에 대한 내 생각에 변화가 생겼다. 경험은 그 자체로 의미를 가지지만 더 밝은 빛을 보려면 경험에 대해서 생각하는 시간이 필요함을 깨달았다.

다른 피드백도 고려해 수업 내용을 고쳤다. 고치고 연습하기를 반복하다 보니 두 번째 캠프 날이 다가왔다. 여러 프로그램이 지나가고 내가 수업할 시간이 됐다. 순간 아무 생각이 나지 않았지만 많은 연습을 통해 준비한 대본에 따라 진행을 했다. 정말 빠르게 1시간이 지났고 지금 생각해 봐도 어떻게 수업이 진행되었는지 기억이 나지 않는다. 수업이 끝나고 학생들이 해 준 말만 생각난다. 학생들은 "선생님, 수업할 때 왜 그렇게 떨었어요? 마이크 든 손이 엄청 떨려서 웃겨 죽는 줄 알았어요."라고 말해 주었다. K-Let에서 제대로 된 나의 첫 수업에 대한 기억은 엄청 떨었다는 것밖에 없다. 그래도 떨기만 하고 수업 자체가 망한 것은 아니라서 다행이었다.

두 번째 캠프가 끝나고 나의 첫 캠프와 두 번째 캠프에 대해 생각해 보았다. 왜 두 캠프에 차이가 있었을까? 첫 번째 이유는 한 번 해 보았다는 익숙함 덕분이었다. 예상 질문을 떠올리기 쉬웠고, 대본을 더 꼼꼼히 썼기에 자신감 있게 수업을 할 수 있었다. 두 번째 이유는 내가 잘 알 뿐만 아니라 열심히 준비한 내용을 가지고 수업을 진행했다는 것이다. 기존의 수업을 받아서 할 때보다 내가 직접 준비한 수업을 하는 것이 마음이 편했다. 또한 좀 더 책임감을 가지고 수업을 준비하다 보니 열심히 할 수 있었고 더 자신감을 가질 수 있었다.

사람들 앞에서 말하는 것은 아직 떨리지만 조금은 두려움을 떨칠 수 있는 방법을 두 번의 캠프 참가를 통해 알 수 있었다. 그리고 3개의 캠프 중 마지막 캠프에서 수업 2개를 맡아서 진행하면서 더욱더 자신감을 회복했다. 캠프에 참가하면서 절대 남 앞에 나서서 말할 수 없으리라 여겼던 내 모습과 생각이 바뀌었고 자신감을 가지게 되었다. '하면 된다. 할 수 있다.'는 정신을 마음속에 품고 도전을 두려워하지 않는 자세를 가지기 위해 힘쓰자고 다짐했다.

3

그렇게 K-Let에서의 활동에 재미를 붙이면서 2학년 여름방학에 또 다시 2개의 캠프에 참여했다. 남들 앞에 나서는 활동에 조금씩 익숙해졌고 두려움은 줄어 가고 있었다. 그런데 나에게 새로운 도전이 찾아왔다. 동아리 회원들이 모두 바빠서 회장직을 맡기를 꺼려 하고 있었던 것이다. 나는 바쁘지 않아서 할 수 있었고 한번 해 보고 싶다는 생각이 있다고 말했다. 그래서 운이 좋게 2학년 가을 학기 K-Let의 회장을 맡아서 단체를 이끌게 되었다. 그때까지 단 한 번도 학교에서 반장, 부반장을 해 본 적이 없던 나이기에 엄청난 일이었다. 머릿속에 잘해야겠다는 의욕과 함께 망칠 것 같은 두려움이 공존했다.

회장이 된 나는 첫 모임을 어떻게 준비해야 할지 감이 잡히지 않았다. 그래서 지난 자료들을 살펴보면서 첫 모임에서 보통 어떤 이야기들을 나누는지 알아보았다. 그리고 비슷하게 준비하여 모임을 진행했다. 하지만 첫 모임부터 선배님에게 혼났다. 정말 기분이 바닥을 칠 정도로 혼이 났다. 나는 앞으로의 길이 깜깜해서 답답한 마음에 선배에게 화까지 냈다. 남 앞에 나서는 것에 익숙해졌지만 리더가 된다는 또 다른 도전 앞에서 나는 한없이 작아지고 있었다.

엄청 혼이 났지만 회장이라는 사실은 변하지 않으므로 나는 지금부터 무엇을 해야 할지 고민하기 시작했다. 가장 큰 문제는 리더를 해 보지 않은 게 아니라 내가 준비해야 하는 활동이 무엇인지 알지 못하는 것이었다. K-Let에서 맞는 첫 가을 학기인데 회장을 맡아서 단체를 이끌어 가려니 활동 이름은 들어 봤어도 자세한 내용을 알지 못했다. 그래서 활동을 직접 기획하고 참여한 K-Let 고학번 선배님에게 직접 도움을 구하기로 했다. 선배님은 활동과 관련하여 참고할 만한 자료들을 건네주었고 기획할 때 힘든 점, 고려할 점 그리고 활동 후 고칠 필요가 있다고 생각했던 점 등을 이야기해 주셨다.

선배님의 도움으로 캠프 활동에 대해서 어느 정도 이해할 수 있었지만 그래도 의문이 가고 감이 안 잡히는 부분이 많았다. 그때 나는 캠프 때의 경험을 떠올렸다. 나만의 수업을 만들었을 때 자신감을 가질 수 있었음을 상기하며 활동의 부분부분을 새롭게 바꾸기로 했다. 쉽게 할 수 없었지만 여러 사람들의 도움을 받아서 이루어 낼 수 있었다.

많은 사람들에게 도움을 받으며 한 가지 생각이 바뀐 부분이 있다. 나는 리더가 모든 일을 다 해야 하는 줄 알았다. 자신을 희생해서 밑의 사람들이 편하게 일할 수 있게 해 주어야 한다고 여겼다. 그래서 회장이 된 초기에는 어떻게 해야 할지 혼자서 고민했고 많은 어려움을 겪었다. 하지만 잘못된 생각이었다. 리더라고 해서 특별한 존재는 아니었고, 리더도 단체의 한 구성원일 뿐이었다. 그리고 함께 일을 해야 했다. 리더는 단체가 나아갈 방향을 제시하고 개개인의 역할을 잘 분배하고 나서 함께 일을 하는 존재였다. 나는 그 역할을 완벽하게 해내지 못했지만 K-Let 사람들은 너무나 따뜻하게 나를 도와주었다. 나는 어려움을 나 혼자서가 아니라 함께 이겨 낼 수 있다는 사실을 배웠다.

4

나는 K-Let에서 새로운 경험과 도전을 하면서 많이 배웠고 내가 변화하는 것을 느꼈다. 그리고 나의 3학년 1학기가 시작됐다. 나는 여느 때처럼 방에서 예능 프로그램을 보면서 여유를 즐기고 있었다. 예능을 보며 웃고 있던 중에 휴대전화 진동이 울리기 시작했다. 모르는 번호였지만 지역 번호가 '042(대전 지역 번호가 042이다)'기에 학교에서 온 것 같아서 전화를 받았다. 휴대전화 너머의 통화 상대는 어떤 프로그램의 담당자였다. 추천을 받아서 연락을 했고, 시간이 되면 면접을 위해 찾아와 달라는 이야기를 전했다.

노트북을 정리하다가 발견한 그 신청서는 내가 1학년 때 지원했다가 떨어진 프로그램에 제출한 것이었다. 그 신청서 파일이 눈에 띄었던 이유는 내가 3학년 때 경험했던 프로그램이 1학년 때 지원해서 떨어진 프로그램과 같았기 때문이다. 이 사실을 4학년이 되어서야 노트북을 정리하다가 깨달았다. 그러면서 2년을 그냥 보내지는 않았구나, 새삼 느꼈다.

나는 K-Let에서 많은 사람들 앞에서 수업도 하고, 회장 자리를 맡아 단체를 이끌어 보기도 했다. 내 인생에는 없을 것만 같았던 경험을 도전하면서 나는 성장했다. 도전하지 않았다면 지금 이렇게 뿌듯한 마음을 가진 내가 없지 않았을까? 대장장이가 검을 담금질하듯 나는 도전과 좌절을 반복하면서 단단해지고 있다.

실패, 더 이상 두렵지 않다

화학과 14 안정모

실패의 필요성을 배운 두 가지 경험

스물두 살의 하루는 늘 새롭다. 고작 스물두 해를 살았지만 모든 하루는 새로웠다. 매일매일 예측할 수 없는 일이 일어났고, 비슷한 상황에 대처하는 내 모습도 늘 달랐다. 이렇게 내 하루는 늘 다르고 새롭다. 그렇기 때문에 내일의 나를 예측하기는 아주 어렵다. 지하철을 타다가 사고가 날 수도 있고 갑자기 로또에 당첨될 수도 있다. 당장 가까운 내일의 나에게 어떤 일이 있을지 알 수 없는데 먼 미래의 결과를 어떻게 예측할 수 있을까?

예로부터 지금까지 사람들은 미래의 일을 알기 위해서 많은 노력을 했다. 유교 경전 중 하나인 『역경』은 세상의 이치를 설명하기 위함도 있었지만 결국에는 미래를 예측하기 위해 쓰였다. 요즘 사람들도 꿈을 해몽하거나 간단히 별자리 운세를 보면서 자신에게 일어날 일을 점친다. 우리 할머니도 내가 대학 입학시험을 치를 때 걱정이 많이 되셨는지 점을 쳐 보시기도 하셨다. 미래에 대한 호기심은 인간의 본능으로 어쩔 수 없다. 하지만 예언이나 예측은 늘 정확하게 들어맞지 않는다. 그렇기 때문에 지금 하고 있는 일의 결과는 그때가 되어 보지 않으면 전혀 알 수 없다. 내가 하고 있는 일이 실패할 수도 있고 성공할 수도 있는 것이다.

대부분의 사람들은 어떠한 일의 결과가 긍정적이기를 바라지, 부정적인 결과 즉 실패를 바라지는 않는다. 그래서 실패를 피하기 위해서 많은 노력을 한다. 부득이하게 실패를 하면 슬럼프에 빠지는 등 실패는 삶에 안 좋은 영향을 많이 끼친다. 이렇게 아무런 도움이 되지 않는 것처럼 보이는 실패는 놀랍게도 우리의 인생에 상당한 도움이 될 수 있다. 나는 왜 인생에 있어서 실패가 꼭 필요한지 나의 두 가지 경험을 통해서 말해 보고자 한다.

공부하면서 겪은 슬럼프

어릴 적의 나는 내가 하는 일이 실패한다는 것을 전혀 상상할 수 없었다. 나는 남들이 흔히 말하는 '꽃길'을 걷고 있었다. 어렸을 때부터 나는 남들보다 공부를 훨씬 잘했다. 영어 단어도 엄청 잘 외웠고, 받아쓰기는 항상 100점을 받았다. 부모님이 나를 교육하는 데 큰 관심이 있으셨던 점도 작용했지만 애초에 남들에게 지기 싫어하는 성격에 욕심도 상당히 많았고 머리가 좋은 편이었던 것 같다. 초등학교에서는 반장을 도맡아 했고, 전교 부회장에 선출되기도 했다.

중학교에 올라가서도 역시 공부를 잘했다. 친척들은 나에 대한 칭찬을 그칠 줄 몰랐다. 계속 공부를 열심히 해서 서울대에 가면 차를 한 대 뽑아 주시겠다는 말까지 들었다. 올림피아드도 준비했었는데 역시 큰 상을 받았다. 결과적으로 나는 별다른 어려움 없이 우리나라 최고의 수재들만 간다는 영재 고등학교에 입학할 수 있었다. 열일곱의 나는 나보다 똑똑한 사람은 없고 결국 나는 인생의 승리자가 될 것이라는 자신감에 넘쳤다.

그 기대는 첫 시험을 보자마자 뒤틀려 버렸다. 첫 시험 과목은 수학이었다. 살짝 보니 아는 내용이어서 아예 공부를 하지 않았고, 이미 선행 학습을 했던 나는 시험을 상당히 잘 볼 줄 알았다. 그러나 나의 등수는 뒤에서 세는 것이 더 빨랐다. 이때는 열심히 공부를 안 해서 낮은 성적을 받았다고 생각했다. 그래서 다음 수학 시험을 열심히 준비했지만 결과는 마찬가지였다.

이것이 나에게 가장 큰 영향을 준 첫 번째 실패이다. 공부에 자신감이 넘쳤던 나였기에 자존심은 구겨져 버렸고 공부에 대한 흥미도 쭉 떨어졌다. 남들은 뭐 그런 사소한 일을 실패라고 부르냐 말할 수도 있겠지만 오만했던 나 자신을 무너뜨리는 데는 충분했다. 이렇게 시작된 나의 방황은 1년 넘게 이어졌고, 내게는 뚜렷하게 무언가를 해야겠다는 생각 자체가 없었다. 그냥 남들이 시키는 대로 수동적인 삶을 살았다. 이렇게 학업 실패는 나를 나태하게 만들었다.

열일곱의 나는 정말 공부 말고 한 게 아무것도 없었다. 나에게는 흔히 말하는 꿈이 없었다. 막연히 과학자가 되고 싶다는 생각만으로 영재 학교에 들어가면 뭐라도 될 줄 알았다. 학교에서 있었던 연구 활동에도 제대로 참여하지 못하고 수업 시간에는 계속 졸았다. 남는 시간에는 항상 게임을 했다. 벼락치기로 시험을 보기에 급급했고, 성적은 나날이 떨어졌다. 다른 애들은 저렇게 꿈을 가지고 열심히 노력하는데 아무것도 안 하는 내 자신에게 자괴감이 많이 들었다.

부끄럽지만 이 무렵에는 어머니와도 자주 다퉜는데 한 번은 상당히 크게 싸우다가 정말 내가 나중에 무엇을 하고 살지 고민이 많이 되었다. 대학은 가야 할 것 같은데, 집안의 경제적인 사정이 별로 좋지 않았다. 우리 집은 아버지께서 원래 공무원이셨는데 내가 초등학교 5학년 때 적성에 맞지 않으셔서 그만두셨다. 당시에는 이 일이 부끄럽기도 하고 아버지께서 왜 남들이 힘들다는 고시를 통과하시고도 그만두셨는지 이해가 가지 않았다.

내 대학교 등록금도 걱정됐고, 곧 동생도 고등학교에 진학하면 교육비가 많이 들어갈 텐데 하는 생각에 이르렀다. 그러자 일단 대학 등록금이 들지 않는 카이스트에 진학해야겠다는 생각을 했다. 그리고 내가 영재 학교에 들어가기 위해 열정을 불태웠던 시절을 회상하며 과학자라는 꿈을 위해 다시 노력하기로 결심했다.

이를 위해서 우선 눈앞에 닥친 공부를 열심히 해야겠다는 생각을 했다. 하지만 나보다 공부를 잘하는 친구들이 상당히 많았기 때문에 남들과 같은 시간을 공부해서는 성적을 올리는 데 한계가 있었다. 열여덟 살 가을에 치른 중간고사 결과는 이전과 딱히 나아진 부분이 없었다. 정말로 억울했다. 수없이 연습 문제를 풀고 수없이 정독을 했는데도 오르지 않는 성적이 원망스러웠다. 성적을 올리기 위해서 이를 악

물고 밤을 샜다. 기숙사는 12시 이후에는 소등이 되었기에 불이 들어오는 화장실에서 사감 선생님에게 들키지 않도록 공부를 하며 밤을 샜다. 1년 반 동안 쭉 공부를 하지 않아서인지 공부 방법을 다시 터득하기가 힘들었다. 때문에 그 학기의 평균 학점은 직전보다 고작 0.3 오르는 데 그쳤다. 성적 때문에 그렇게 억울하고 슬펐던 적도 없었다. 정말 이 길이 나에게 맞는지 고민되었지만 다시는 이전처럼 공부에서 손을 놓는 미련한 짓은 하지 않으리라 결심하고 더 열심히 공부하기로 마음먹었다.

그다음 학기에는 수업 전에 미리 수업 내용을 다 읽고 교과서의 연습 문제도 다 풀었다. 특히 유기화학은 연습 문제가 단원별로 60문제 정도 있었고 총 6단원이 중간고사 범위여서 360문제가 있었는데, 이를 네 번 정도 반복해서 풀었으니 시험을 못 볼 수가 없었다. 천재들 사이에서 내가 좋은 성적을 받으려면 그들이 자거나 먹을 때 죽어라고 공부하는 수밖에 없었다. 미적분학도 마찬가지였다. 매 수업 시간에 사용한 공식을 이용해서 예제를 매일매일 풀어 보니 평균 이상으로 성적을 끌어올릴 수 있었다.

이런 식으로 공부의 양 자체를 엄청나게 늘리니 그 학기의 성적은 수직 상승해서 3.9가 넘는 학점을 받았다. 정말 감격에 겨웠다. 여름방학 때 서울에서 대전으로 내려가는 무궁화호에서 성적을 하나하나 확인하면서 행복했던 기억이 아직도 남아 있다. '정말로 죽어라고 노력하면 되긴 되는구나.'라는 느낌을 받았다. 한 번 성적을 잘 받고 나니 점차 공부에 대한 자신감이 붙었다. 그리고 입학 당시 모호하게 가졌던 과학자의 꿈을 이루는 게 불가능하지만은 않다고 느꼈다.

고등학교 때 공부로 슬럼프를 겪고 나니 대학에 진학한 후인 지금은 공부가 훨씬 수월하게 느껴진다. 내가 하는 공부가 재미있고 더욱 많은 지식을 습득하고 싶다. 당연히 힘들지만 점점 더 내 꿈이 현실로 다가오는 것을 느끼면서 행복을 느끼고 더욱 나를 채찍질할 수 있다. 후에 내가 자식을 낳는다면 내가 대학교 때 누구보다 공부를 열심히 했노라고 말할 수 있다.

이렇게 학업에서 실패를 겪었지만 이를 극복하는 과정에서 내가 배운 점은 공부에 있어서는 늘 자만하지 말고 할 수 있는 만큼 최선을 다해야 한다는 것이다. 고등학생 때의 실패는 나를 한층 더 성장시키는 계기가 되었다.

룸메이트와 등을 지다

한창 공부를 열심히 했던 무렵인 스무 살의 가을에 나는 또다시 소중한 경험을 했다. 평생의 소중한 친구를 잃을 뻔했던 경험이다. 당시 나는 높은 성적에 대한 집착 때문이었는지 퀴즈와 과제 하나하나에 목숨을 걸었다. 지나친 욕심을 부리던 나는 많은 스트레스를 받았지만 이를 슬기롭게 관리하는 방법을 터득하지 못했다. 혼자 속으로 스트레스를 삭히던 나는 결국 스스로를 무너뜨리고 주변 사람들에게 쉽게 짜증을 내며 화를 풀었다. 그리고 지나치게 예민해져서 괜히 남들의 사소한 행동 하나하나가 눈에 거슬렸다. 이는 나의 인간관계를 파탄에 이르게 했다.

특히 룸메이트와 사이가 좋지 않았다. 그 계기는 지금 생각하면 정말 사소한 일이다. 그 친구가 내 전화번호를 저장하지 않은 탓에 내가 연락을 했는데 누군지 몰랐던 상황이었다. 사실 더 친하게 지내고 싶었는데, 그 친구는 나를 별로 친하게 생각하지 않는다고 느꼈기 때문일까? 지금 생각해 봐도 왜 내가 화를 냈는지 어이가 없다. 별것도 아닌 일에 상한 기분과 이전의 스트레스가 복합적으로 쌓여 나는 아예 그 친구와 모든 연락을 끊어 버렸다.

하필이면 나는 3인실을 사용했는데, 같이 사는 또 다른 룸메이트는 우리 둘 사이에서 어쩔 줄 몰라 했다. 그렇게 자그마치 한 달을 아무 말도 하지 않고 보냈다. 방에는 늘 정적이 감돌았고 숨소리밖에 들리지 않았다. 나는 잠을 잘 때만 방에 들어갔다. 하지만 이러한 행동은 오히려 나를 더 지치게 했다. 다른 사람에게 화를 내며 기분을 풀어 봤자 나에게 또 다른 스트레스로 돌아온다는 걸 몰랐다. 결국 이 때문에 술을 많이 마셨다. 심신이 지치자 술로 해결해 보려고 했던 것이다. 하지만 인간관계의 회복이라는 근본적인 문제는 해결되지 않았다.

스무 살이나 먹었는데 내 기분에 따라서만 행동할 수는 없음을 머리로만 알았나 보다. 내가 힘들다고 주변 사람에게 화를 내 봤자 아무것도 변하지 않으며 상황을 악화시킬 뿐임을 깨닫지 못했을까? 아무리 돌아봐도 내가 미안하게 행동했던 점밖에 없었다. 그 친구가 나에게 늘 잘해 주려고 노력하는 좋은 사람이라는 것을 내가 아는데도 불구하고 무슨 행동을 하고 있나 싶었다. 룸메이트에게 미안하다고 말하고 싶었지만 용기가 필요했다. 그냥 먼저 말하면 될 텐데 그러지 못하고 친구들에게 많은 조언을 얻었다. 우선은 정말 미안하다고 사과했다. 이후에도 최대한 관계 회복을 위해 식사도 여러 번 같이하고 연락도 자주 했다. 그리고 어쩌다 보니 그 친구가 대학에 와서 가장 오랜 시간을 함께한 제일 소중한 친구가 되었다. 이렇게 될 줄은 나도 몰랐다.

나는 이러한 경험으로 소중한 친구 하나를 얻었고 인간관계에서의 가장 기본적인 것들을 터득했다. 그리고 성적에 너무 집착하여 스트레스 받지 않고 주변을 돌아볼 줄 아는 여유도 생겼다. 이제는 다른 사람에게 짜증을 내지 않으려 노력하고 남을 배려하는 마음가짐도 진정으로 갖추었다. 머리로만 알고 있었던 내용을 스무 살이 되어서야 가슴으로 느낀 것이다.

또한 스트레스를 잘 조절할 수 있게 되었다. 몸과 마음이 지쳤던 것이 원인이었던 것 같아서 잠을 많이 잤다. 그러니 확실히 스트레스도 줄었고 하던 일도 잘됐다. 이 경험으로 인해 나는 대인 관계에 있어서 한층 더 현명하게 대처하는 법을 깨달았고, 사람들과 더 나은 관계를 맺을 수 있게 되었다.

실패를 발돋움대 삼아 높게 뛰어 봐

나는 이제 겨우 스물둘이다. 인생을 논하기에는 아직 상당히 젊지만, 내가 깨달은 인간의 삶은 어떻게 될지 모른다는 매력이 있다. 내가 지금 저지른 일의 결과가 좋을지 나쁠지는 그때가 되어 보지 않고서는 모른다. 우리는 신이 아니기 때문에 모든 일에 대한 답을 아는 것이 불가능하다. 그래서 실패를 경험하는 것이 당연하다. 우리가 살아가는 동안 크고 작은 실패들이 무수하게 다가올 것이다.

하지만 대부분의 사람들은 실패를 두려워한다. 대개 실패했던 경험은 다시 돌아보고 싶지 않아 하며 엄청 많은 후회를 한다. 열일곱의 내가 공부를 좀 더 열심히 했더라면 대학 선택의 폭이 더 넓어졌을지도 모른다. 스물의 내가 친구와 한 달간 싸우지 않았더라면 그 기간 동안 더욱 즐거운 추억을 많이 쌓을 수 있었을 것이다. 이렇게 실패에는 늘 후회가 딸려 온다. 때문에 사람들은 방황하기도 하며 힘에 겨워 지치고 스스로 무너지기도 한다. 이러한 실패의 단기적인 부작용 때문에 더욱이 실패를 겪고 싶지 않아 한다.

그러나 인생지사 새옹지마라는 말이 있다. 당장 눈앞의 결과가 다소 절망적일지라도 이것이 나를 성장시키는 원동력이 될 수 있다. 따라서 지금의 실패로 너무 낙담할 필요는 없다. 나는 공부에 허덕인 적이 있었으나 이를 이겨 내면서 겸손한 태도로 매사에 최선을 다해야 함을 배웠다. 그리고 인간관계의 어려움을 극복하면서 스트레스를 조절하는 방법과 내 인생의 소중한 친구를 얻었다. 지금까지도 이러한 것들은 나에게 많은 도움이 되고 있다.

만약 과거에 실패를 경험하지 못했다면 나는 더욱 오만해져서 훨씬 더 높은 곳에서 추락했을 수 있다. 그리고 룸메이트와는 그만큼 다투다 화해를 했기 때문에 더욱 돈독한 사이가 되었다고 생각한다. 이렇게 실패로 인해서 나를 성숙한 인간으로 다듬을 수 있었기 때문에 실패에 대한 두려움이 많이 줄었다. 인간은 완전한 존재가 아니기 때문에 실패는 반드시 찾아온다. 실패가 찾아온다면 이를 담담히 받아들일 수 있어야 한다. 지금의 실패를 더 높이 뛰어오르기 위한 발돋움대로 만들 수 있도록 노력해야 한다.

나는 아직도 내가 실패를 충분히 경험했다고 생각하지는 않는다. 인생은 길고, 내가 아직 완벽한 사람은 아니기 때문에 반드시 무슨 일에는 실수가 따를 테고 이는 또다시 실패로 이어질 것이다. 이후에 대학원에 진학한다면 실험을 하다가 막힐 수도 있고, 논문이 잘 써지지 않을 수도 있다. 살면서 연애가 엄청 힘들 수도 있고, 돈 문제로 허덕일 수도 있다. 정말 더 이상 살기가 싫을 정도로 힘들어 울고 싶을 때도 있을 것이다. 그때마다 두렵겠지만 나는 어려움을 이겨 내면서 한층 더 성숙한 나로 다듬어 갈 것이다.

실패는 뒤돌아보면 참 별것 아닌 것 같다

전산학부 12 서석현

우리의 시작은 어떠했을까?

2011년 말, 고등학교 졸업을 앞둔 나는 겨울방학을 틈타 친구들과 함께 서울로 올라갔다. 우리는 강남에 월세방 하나를 잡았다. 친구들과 함께 월세방에서 지내면서 하루하루 아이디어를 떠올리고 무언가를 해 보기 위함이었다. 지금 생각해 보면 참 무모했다. 창업이라는 것이 어떻게 이루어지는지, 보통 어떤 수순을 밟는지에 대한 아무런 고민 없이 무작정 친구들과 함께하는 게 좋아서 밤을 지새웠다. 그때는 정말로 이상을 바라보았다.

그해 여름 우리는 '창의력 올림픽'에 우리나라 대표로 참가했고, 미국 메릴랜드 대학교(University of Maryland)에서 열리는 세계 대회에 갔다 왔다. 우리는 그 경험을 바탕으로 우리나라 학생들이 받고 있는 '창의력 교육'이라는 게 정말 옳은 방향인가에 대해서 많은 생각을 했다. '그렇지 않다.'고 판단한 우리는 이러한 문제를 해결해 보고자 했다. 먼저 창의력 교육이라 불리는 교육들의 문제점을 분석했다. 고등학교를 졸업하기까지 우리나라의 사교육을 가장 가까이서 지켜보았고 체험했던 우리였기에 사교육 시장을 어떻게 바꾸어 볼 수 있을지 많은 아이디어를 떠올릴 수 있었다. 또한 교육을 도와줄 수 있는 웹 서비스도 기획해 보고 개발 경험도 쌓아 갔다. 그러는 동안 겨울방학이 끝났고, 우리는 현실의 벽에 부딪혔다.

사업은 만만치 않았다. 가장 먼저 우리는 경영을 몰랐다. 단순히 아이디어만 가지고, 개발만 해서는 사업을 시작할 수 없었다. 우리는 실제로 일을 키워 가면서 이러한 부분을 직접 느낄 수 있었다. 다들 대학 입학을 앞둔 시점이었기에 우리의 첫 도전은 그렇게 마무리되었다.

이후 우리는 서울대학교, 카이스트, 옥스퍼드 대학교 등 서로 다른 학교로 진학을 했다. 그러자 사업 계획이 흐지부지되는 것은 아닌가 걱정도 되었다. 하지만 꼭 다시 시작하자는 약속을 하고 각자의 진학을 위해 잠시 시간을 가졌다. 이후 멀리 떨어져 있었지만 꾸준히 온라인으로 회의를 하며 다음을 도모했다.

첫 번째 실패 이후 '㈜산책'에서의 배움

그렇게 시간이 반년쯤 흐르고 나서 우리가 도모했던 일에 관심을 가진 사람을 만났다. '㈜산책'이라는 교육 회사를 막 창업해 운영하고 있는 분이었다. 우리는 그분을 찾아가 우리가 계획했던 일들에 대해 이야기를 나누어 보았다. 평가는 냉혹했다. 아이디어만 있을 뿐 실현 가능성이 없다는 것이었다. 그 말이 맞았다. 우리의 아이디어는 너무 이상적이었고 사업이 되기 위한 기본적인 뼈대가 없었다. 그 시점에서 그분은 우리에게 제안을 했다. 함께 사업을 준비해 보자는 제안이었다.

이후 우리는 그분의 일을 도와주며 사업 계획서를 쓰는 법부터 시작해 사업가로서 이것저것 다양하게 생각해야 할 부분, 고민해 봐야 할 부분을 공부해 나갔다. 겨울방학 때는 서울에 올라가 생활을 하면서 이러한 것들을 공부했다. 개발자로서도 기획과 개발을 해 보며 경험을 쌓아 갔다.

㈜산책이라는 회사가 교육 회사로서 해 나가는 일들을 보며 실제 사업이 어떠한 수순을 밟아 가는지, 어떠한 목표를 세워야 하는지 직접 확인할 수 있었다. 물론 스타트업 회사로서 겪는 힘든 일들도 목격했다. 창업을 하기까지 자본, 인력, 마케팅 등 여러 면에서 많은 장애물들이 우리를 기다리고 있었다.

우리는 ㈜산책의 일을 도와주고 도움도 받으며 우리 팀만의 아이디어를 준비해 나갔다. 우리가 구상하던 아이디어를 좀 더 체계적으로 만들기 위해 교육 플랫폼이라는 커다란 목표 아래 사업을 하나하나 그려 나갔다. 실제로 사람들을 만나며 아이디어를 구체화해 나갔고 여러 가지 사업 공모전을 준비했다. 준비는 잘되어 가는 것 같았다.

하지만 일이 점점 커져 가면서 우리는 선택과 집중을 요하는 시기를 맞았다. 먼저 친구 한 명이 자신은 더 이상 힘들다며 함께하기를 포기했다. 이를 시작으로 앞으로의 계획에 대해서 다시 생각해 보는 분위기가 조성되었다. ㈜산책도 스타트업 회사로서 다음 단계로 나아가기 위해 고군분투하고 있을 때여서 분위기는 더욱 고조되었다.

우리는 현실적으로 우리가 처한 상태를 바라보았다. 팀 구성원들은 이제 막 대학에 입학했고, 그중 한 명은 한국에서 대학을 다니고 있지 않았다. 이 상태에서 외부 투자를 받아 사업을 하는 게 가능할까? 우리는 많은 고민을 했다. 사실 이런 분위기가 한번 조성되니 마치 장작에서 불씨가 피어오르듯 걷잡을 수 없이 번졌다. 우리는 그렇게 ㈜산책과의 인연을 뒤로하고 다시 각자만의 길로 돌아섰다. 내게 있어서는 두 번째 실패였다.

세 번째 도전을 기약하며

이후 우리는 각자 바쁘게 대학 생활을 했다. 2013년은 우리가 2학년이 되는 해였기에 다들 자신들의 전공 공부에 시간 투자를 많이 할 수밖에 없었다. 무언가를 한다는 게 힘들어 보였다. 우리는 때때로 온라인으로 회의를 하며 아이디어들을 하나하나 모아 가면서 나중을 기약했다. 그렇게 시간이 지나 2학년 겨울방학 때 나는 다시 함께하고자 친구들을 불렀다. 이번에는 조금 방향을 바꾸어 제조업을 기반으로 아이디어 상품을 만들어 볼 생각이었다.

그때까지 우리가 냈던 아이디어들은 대부분 서비스업이나 교육 사업에 기반을 둔 것이었다. 아무래도 이러한 사업은 인력이 충분히 필요하고 그만큼 기반을 다지는 데 많은 시간이 필요하다. 그리하여 나는 제조업을 기반으로 하는 우리의 아이디어들을 소개할 수 있으면 좋지 않을까 생각했다. 당장 무언가를 하지 못하더라도 친구들과 꾸준히 함께하고 싶었다. 그래서 우리는 사람들이 자주 사용하는 제품들에 새로운 아이디어를 더해 보기로 했다.

우리는 어은동 지하에 있는 밴드 합주실에 모여 회의를 해 나갔다. 타깃은 시계였다. 이미 스마트폰이 그 기능을 충분이 대체하고 있음에도 불구하고 아날로그시계의 수요는 꾸준한 편이다. 또한 누구나 필요하고 가장 우리 생활과 밀접한 기기가 시계라고 생각했다. 우리는 기존과 다른 방식으로 시계에 접근하고자 했고 알람을 밀어서 맞추는 새로운 형태의 슬라이드형 알람시계를 고안했다.

이와 동시에 진행한 프로젝트는 헤드폰 소독기였다. 수가 늘어나고 있는 헤드폰 청음 매장에서는 수많은 사람들이 하나의 헤드폰으로 소리를 들어 본다. 우리는 이 과정이 비위생적이라 생각해 헤드폰을 전시하면서 동시에 자외선 소독을 할 수 있는 디스플레이 장치를 만들기로 했다. 우리는 처음으로 프로토타이핑(Prototyping, 개발 중인 기기, 프로그램, 시스템 등의 성능 검증 및 개선을 위해 상품화에 앞서 시제품을 제작하는 방법)을 익혀 나갔고 이는 새로운 경험이 되었다.

그해 겨울에 만든 슬라이드형 알람시계로 우리는 첫 특허를 냈다. 하지만 특허에서 끝났다. 양산화 작업을 시도했으나 프로토타입(Prototype, 시제품)과 양산화 제품 사이에는 쉽게 메울 수 없는 틈이 있었다. 무언가를 만들어 판매하는 과정까지 예상보다 많은 비용이 필요했고 이는 기존에 생각했던 원가와 판매가 차이가 커지도록 만들었다. 또한 제조업을 기반으로 하는 사업은 그 시작이 종래의 서비업들과 많이 다름을 느꼈다. 초기에 들어가는 자본의 크기도 달랐고 기존의 제조 기술이 없는 이상 사업화를 곧바로 진행한다는 것은 무리가 있었다.

그러던 중 나는 3학년이 되었고, 외부로부터 한 가지 제안을 받았다. '멘투멘'이라는 교육 커뮤니티 기업에 웹 기획 및 개발 담당자가 필요한 상황이었는데 내가 하던 일을 지켜본 친구가 나를 소개시켜 준 것이다. 멘투멘은 대학 입시를 준비하는 고등학생들을 위한 커뮤니티를 운영하고 있었다. 대입 자체가 우리나라 학생들과 학부모들에게 가장 민감한 주제인 만큼 그 수요도 상당했다. 멘투멘은 직접 커뮤니티를 운영하며 여러 가지 오프라인 행사를 주최하고 있는 스타트업 기업이었다. 나는 그곳에서 웹 기획과 함께 개발을 진행했다.

그런데 나는 대전에 있고 다른 사람들은 서울에 거주하며 일을 했다. 지금 생각해 보면 이게 가장 큰 문제 중 하나였던 것 같다. 서로 떨어져 있는 만큼 커뮤니케이션이 활발히 이루어지지 못했고 서로의 상황을 자세히 이해할 수 없었다. 개발 팀이 하고 있는 개발과 기획 팀이 원하는 서비스의 모습은 서로 달라져만 갔다. 그러한 상황에서 개발 팀은 회사의 운영 상황을 제대로 알 수 없었고 서로 바라보는 모습은 점점 달라져만 갔다.

무엇보다도 팀원들끼리 서로 이해하고 같이할 수 없는 상황이었던 게 가장 큰 문제였다. 결국 개발을 해 나가던 도중 많은 경쟁사들과 경쟁 서비스들의 존재를 알게 되었고 이러한 걸림돌 앞에서 내실이 없었던 회사는 무너져 버렸다. 지금 창업을 준비하고 있는 사람이 있다면 나와 같은 실패를 다시는 하지 말라고 충고해 주고 싶다. 스타트업 기업일수록 한 장소에서 서로 머리를 맞대고 무언가를 하지 않으면 서로 다른 그림을 그리게 된다. 그 순간부터 미래는 없어진다. 그렇게 멘투멘은 내가 합류한 뒤 몇 달 후 서비스를 종료했다.

나는 그 시점에서 친구들과 함께 이제까지 우리가 쌓아 온 경험을 바탕으로 무엇을 할 수 있을지 다시 궁리해 보았다. 실패를 하면 할수록 경험은 쌓여 갔다. 우리는 자신감이 깎이려고 할 때마다 새로운 아이디어를 내며 다시 힘을 얻었다. 이제까지 가장 많이 시간을 들여 고민했던 주제는 교육이었다. 그리고 우리는 개발과 제작에 강점을 가지고 있었다. 이 두 가지를 합쳐 공학 교육이라는 새로운 타깃을 잡았다.

당시 나는 카이스트 영재 교육원과 융합 교육 센터에서 아두이노(Arduino, 다른 센서를 제어하는 마이크로 컨트롤러의 일종으로, 기계의 두뇌 역할을 한다) 콘텐츠 개발 조교를 맡고 있었다. 소프트웨어 교육이 부상하고 있는 만큼 아두이노 콘텐츠를 키트화해 사업을 해 보면 어떨까 하고 그 가능성을 고민했다.

세 번째 도전과 또 한 번의 실패

처음에는 간단한 키트부터 시작해 아두이노를 가지고 무언가를 만들어 볼 수 있는 교육 콘텐츠부터 개발했다. 전자파 측정기, 광 패턴 열쇠, 스마트 저금통 등 학생들이 제한된 시간 내에 조립을 해서 완성된 무언가를 만들 수 있는 키트가 주제였다.

나는 콘텐츠 개발 조교를 하면서 익혔던 방식으로 교육 자료를 함께 준비했다. 군산대학교에 키트를 납품하기 시작했지만 처음이라 그런지 실수도 많았고 생각하지 못한 여러 일들도 발생했다. 하지만 직접 가서 선생님들에게 교육도 하고 키트가 실제로 사용되는 모습을 보며 많은 생각을 할 수 있었다. 그제야 실제 교육 현장과 조금이나마 연결 고리가 생긴 느낌이었다.

우리는 '시드사이언스'라는 이름을 가지고 좀 더 많은 교육 콘텐츠를 준비해 나가기로 했다. 학교 후배들에게도 연락을 해 보며 뜻을 함께 할 친구들을 찾아보기 시작했다. 하지만 사업을 시작한 해 말 우리는 함께하던 다른 사업이 커져 감에 따라 둘 다 진행하기에는 힘들겠다는 결론을 내렸다. 이러한 시점에서 같이하던 친구 2명 중 한 명이 세상을 먼저 떠나며 우리는 이 사업을 정리하기로 결정했다.

네 번째 도전과 미래

시드사이언스를 키워 가면서 동시에 진행했던 아이템이 하나 더 있었다. 바로 3D 프린터였다. 2014년 초, 슬라이드형 알람시계를 처음 만들었던 아이디어 팩토리라는 공간과 인연이 지속되어 그곳의 일원이 되었고 거기에서 각자의 프로젝트를 진행해 나갔다. 그러던 중 3D 프린터를 함께 개발해 보기로 하고 8월부터 3D 프린터를 개발하기 시작했다. 그때가 마침 시드사이언스의 사업 확장 여부를 고민하고 있던 때였다. 우리는 3D 프린터에서 더 큰 가능성을 보았고 3D 프린터에 올인했다. 우리는 11월에 3D 프린터를 출시해 세간의 관심을 받았다.

이후로도 '카이디어'라는 회사를 설립해 기술 이전을 하고 꾸준히 양산화 작업과 새로운 모델 개발을 하며 회사를 키워 가고 있다. 카이디어를 시작한 지도 어느덧 2년이 다 되어 간다. 지금까지 많은 고비가 있었지만 팀원들과 함께 잘 헤쳐 나가고 있다. 현재의 카이디어

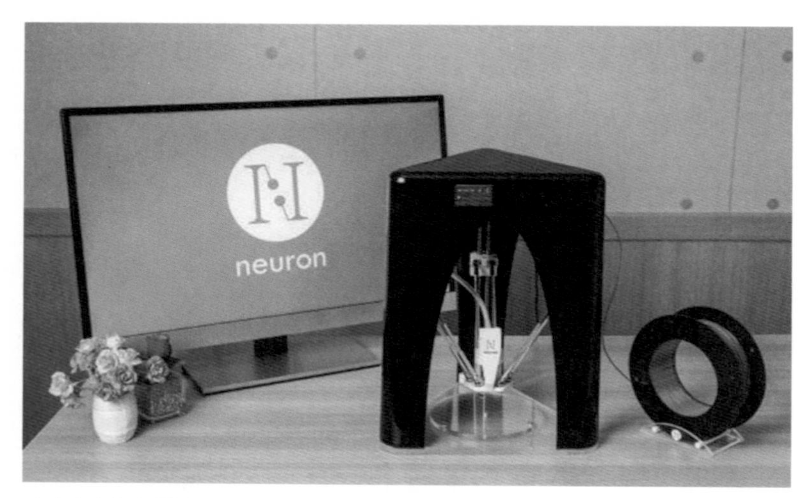

카이디어가 생산한 3D 프린터는 손쉬운 사용법, 적은 소음, 저렴한 가격으로 큰 화제를 모았다. ©(주)카이디어

가 있기까지 수많은 실패와 어려움이 있었다. 2011년의 나를 시작으로 회상을 해 보니 정말 여러 가지 일들이 있었고 많은 사람들과 함께 실패를 경험했다. 하지만 돌이켜 보면 참 별것 아닌 듯이 느껴진다.

물론 이제까지의 실패들이 아무것도 아니었다는 뜻은 아니다. 당시에는 정말 이게 다인 것처럼 올인한 적도 있었고 그만큼 아쉬움이 컸던 적도 있었다. 하지만 시간이 지나 생각해 보니 다 그럴 만한 이유가 있었고 밑거름이 되기에 충분한 경험들이었다. 때로는 그때를 회상하며 지금의 실수를 알아채곤 한다. '아, 이래서 안 됐지.' 하면서 말이다.

이런 경험을 할 때마다, 성공보다 실패를 먼저 하는 편이 좋다고 생각한다. 실패를 많이 해 보는 것도 좋다. 성공은 크게 기억에 남지 않기 때문이다. 하지만 실패를 하면 그 낌새를 누구보다 빨리 알아챈다. 실패한 만큼 실패를 곱씹어 보게 되고 누구보다 그 실패에 대해서 냉철

하게 판단하게 된다. 이것은 다음 실패를 막기 위한 원동력이 되는데 성공한 경험에서는 결코 얻을 수 없다. 누구나 살면서 크고 작은 실패를 경험할 것이다. 실패한 상황에서 얼마나 그 시간을 잘 헤쳐 나아가 자신의 밑거름으로 삼을 수 있을지가, 다음 성공으로 가는 관건이라고 생각한다.

이 원고를 보내는 2016년 8월 2일, 이제까지 함께 걸어오던 친구 한 명을 하늘나라로 먼저 보내고 왔다. 동진아, 이 글을 볼 수 있다면 먼저 간 명환이와 함께 우리가 같이했던 시간들을 추억할 수 있으면 좋겠다.

SOLUTIONS
LAPTOP
USB
STORAGE
PC
CLOUD
DEVICE
IT
SOFTWARE
WIN!
GROWTH

PART 02

더불어 사는 세상, 함께 극복하기

폭풍우 앞에서는 흔들리는 갈대처럼

전기및전자공학부 12 김성호

자존심밖에 없던 나의 어린 시절

사람이 살다 보면 인생의 길 앞에서 자신을 가로막는 벽을 종종 만나게 된다. 인생의 벽을 만났을 때 사람들은 여러 가지 반응을 보인다. 어떤 이들은 힘으로 벽을 부수려 하고, 어떤 이들은 꾀를 써 벽을 넘으려고 하며, 어떤 이들은 높은 벽을 그저 바라만 보다가 그 자리에 주저앉기도 한다. 절대 달갑지 않지만, 인생을 살다 보면 누구나 한 번쯤 숨이 턱 막히게 큰 벽을 만나는 것을 피할 수 없다. 나는 아직 24년밖에 안 되는 짧은 인생을 살아왔지만 다른 이들은 쉽게 경험하지 못할 큰 고난의 벽을 만난 경험이 있다. 나는 이 글을 통해 내가 인생의 벽을 만났을 때 어떻게 그 어려움을 극복해 냈는지를 들려주고 싶다.

나는 부유하지는 않지만 화목한 가정의 2남 중 첫째로 태어났다. 자유롭고 사랑이 많으신 부모님 아래에서 어떤 강압이나 부담을 받지 않으며 어린 시절을 보냈다. 동생이 태어난 이후로 첫째이자 형이라는 책임감을 가지게 되었고, 부모님께 실망을 안기지 않는 맏아들이 되고 싶어 힘들어도 내색하지 않고 내 일에 책임을 지면서 지냈다. 학업에 있어 부모님께서는 당신들의 교육철학대로 내가 하고 싶은 대로 하게 두셨다. 다만 내가 공부를 하고 싶어 하면 최선을 다해 도와주시고 모르는 것은 자상하게 설명해 주셨다. 나를 통해 기뻐하시고 나를 돕기 위해 최선을 다하시는 부모님을 실망시켜 드리지 않기 위해 누가 뭐라 하지 않아도 스스로 공부하며 내 나름대로의 인생을 계획했다.

중학교에 들어가면서 사춘기를 맞은 나는 상당히 자존심이 강한 사람이 되었다. 친구들과 경쟁하듯이 공부했는데 나보다 성적이 좋은 친구를 그냥 두고 볼 수 없었기 때문이다. 집에 여유가 많지 않아 과외나 학원의 도움을 받을 수 없었던 나는 친구들을 이기기 위해 악착같이 공부했다. 주어진 교과서와 학교 공부만으로도 영재 교육원에 합격했고, 수학 올림피아드 도 대회에서 은상을 탔으며, 전교 1등을 차지하기도 했다. 물론 그 과정에서 좋은 친구 관계를 많이 만들지는 못했지만, 나에게는 성적이 더 중요했다. 성적이 오르자 자신감이 붙은 나는 중학교 때부터 과학고등학교 진학을 준비하면서 과학고등학교 졸업 후 서울대학교나 카이스트에 입학해 공부와 연구를 하겠다는 인생 계획을 짰다. 성적이 오르고 친구들을 하나둘 이길 때마다 나는 내가 잘났으며, 내 삶은 내 계획대로 되어 간다고 생각했다.

그런데 중학교 3학년 1학기가 끝날 무렵, 부모님께서 내게 충격적인 이야기를 해 주셨다. 목사님이셨던 아버지께서 선교사로서 니카라과라는 나라에 가게 되셨으니 온 가족이 니카라과로 이민을 가야 한다는 내용이었다. 살면서 처음 듣는 생판 모르는 나라로 이민을 간다는 급작스러운 결정은 나를 상당히 곤혹스럽게 만들었다. 하지만 착한 아들이었던 내게는 부모님을 실망시키지 않기 위해 당혹감을 숨겨야 할 의무가 있었다. 또한 나는 지금까지 해 왔듯이 열심히 한다면 다른 환경에서도 똑같이 잘할 것이라는 자신감을 가지고 있었다. 그래서 새로운 나라에서의 생활을 많이 걱정하지 않았다. 그렇게 나는 나름대로 열심히 진행해 오던 인생 계획을 간단하게 버리고 니카라과로 향해야 했다.

풍토병을 통해 겸손을 배우다

니카라과에서의 첫 1년은 내가 예상했던 것보다 훨씬 가혹했다. 살다 보면 금방 괜찮아질 것이라는 아버지의 말씀과는 달리 나는 새로운 환경과 기후, 문화와 언어, 음식과 사람들에 쉽게 적응하지 못했다. 깨끗하지 못한 거리와 더운 날씨는 나를 자주 짜증이 나게 했고, 한국과는 너무도 다른 문화와 스페인 어는 나를 방 밖으로 잘 나가지 않게 만들었으며, 입맛에 맞지 않는 음식과 모르는 사람들과의 교제는 한국을 더 그리워하게 했다. 물과 전기가 끊기기 일쑤였고, 가끔씩 지진이 나서 늘 마음을 졸여야 했으며, 매일같이 집에 이상한 벌레들이 나타나 나를 괴롭혔다.

아버지는 내가 스페인 어를 사용하는 니카라과에 살면 세 가지 언어를 구사할 수 있는 국제적인 인재가 될 수 있을 것이라 하셨지만, 니

니카라과 공화국은 중앙아메리카 중부에 위치한 나라로, 1821년 에스파냐로부터 독립했다. 화산이 많고 호수 연안에 인구가 집중한 열대 농업국으로 주요 언어는 스페인 어이고, 수도는 마나과다. 인구는 약 620만 명이고 국토 면적은 한반도의 5분의 3 정도다.

카라과는 제대로 된 학원 하나, 학습지 한 권 없는 교육의 불모지였다. 국제적인 인재는 그저 허상에 불과한 이야기였다.

힘겹게 입학한 NCA 국제 학교에서의 삶은 더더욱 가혹했다. 교실에는 에어컨 하나 달려 있지 않았고, 운동장은 온통 잡초투성이였으며, 교복은 평생 봐 왔던 그 어떤 교복보다 촌스러운 디자인이었다. 한국에서는 나름 영어에 자신이 있었던 나였지만 수업 중 미국인 선생님들의 말도, 학급 아이들이 하는 대화도 전혀 알아들을 수 없었다. 바보 취급을 받는 것이 싫었던 나는 수업 내용이 이해가 되지 않아도 수업 시간에 질문 하나 하지 않았고 아이들과도 대화하지 않았다. 결국 수업을 이해하지 못하니 성적은 바닥을 찍었고, 대화를 하지 못하니 친구를 사귈 수가 없었다. 그 당시 나에게 학교에서의 1분은 지옥에서의 1년과 같았다. 가끔은 나를 니카라과로 데리고 온 부모님을 마음속으로 원망하기도 했다. 하지만 맏아들로서 부모님을 실망시키지 않아야 한다는 생각에 나는 힘든 내색 한 번 할 수 없었다.

스트레스가 쌓일 만큼 쌓였던 어느 날, 나는 갑작스런 고열로 쓰러지고 말았다. 증세는 고열로 끝나지 않았고 복통과 두통, 관절통을 동반해 몸을 가누기도 힘들었다. 병원에 가자 의사 선생님은 내가 뎅기열이라는 말라리아와 비슷한 종류의 풍토병에 걸렸다고 알려 주셨다. 뎅기열은 모기를 통해 퍼지는 질병으로, 완치제가 없어 매년 수많은 사람들의 목숨을 앗아 가는 불치병이다. 의사 선생님은 특별한 치료 방법이 없으니 나아질 때까지 기다리는 수밖에 없다고 말씀하셨다. 나는 별다른 치료도 받지 못하고 그저 몸이 나아지길 바라며 집에 누워 있을 수밖에 없었다.

온몸이 아프고 힘이 없어 제대로 움직이지도 못하던 나는, 며칠간 침대에 누워 지금까지의 삶을 돌이켜 보았다. 하고 싶은 것을 참아 가며 착한 아들로 지냈던 초등학생 시절, 악착같이 친구들과 성적으로 경쟁했던 중학생 시절 그리고 니카라과에 있는 현재. 그렇게 열심히 살아왔는데 이렇게 죽어 버린다면 그만큼 원통하고 분할 수가 없을 것 같았다. 다시 건강해지기만 한다면 자존심을 버리고 살아야겠다는 생각도 들었다. 성적이나 맏아들의 의무, 자존심에 대한 스트레스를 버리고 그저 즐겁게 살고 싶다는 생각을 했다. 하지만 예상과는 달리 날이 갈수록 건강은 악화되었고 죽음의 공포는 점점 다가왔다. 부끄러운 이야기지만 당시 나는 가끔씩 나의 장례식을 상상하면서 가족 몰래 울기도 했다.

하루는 더 이상 이렇게 누워만 있을 수는 없다 생각에 어디에라도 의지하려고 마음을 먹었다. 지푸라기라도 잡는 심정으로 아버지가 열심히 믿는 신을 찾았다. 나는 만약 신이 있다면 자존심 다 버리고 살테니 제발 살려만 달라고 기도를 했다. 모든 것을 포기하고 당신을 위해서 살겠다는 다짐도 했다. 나는 간절히 기도했지만 예상대로 아무런 일도 일어나지 않았다. 그런데 다음 날이 되자 나는 기적적으로 병이 나았고, 학교에 다시 갈 수 있는 수준까지 건강이 회복됐다. 이해할 수 없는 일이었지만 새로운 삶을 얻은 것과도 같은 기분에 감사한 마음이 들었다.

그 후 나는 더 이상 자존심만 세우는 삶을 살지 않기로 했다. 수업 중에 못 알아들은 내용이 있으면 손을 들어 선생님에게 다시 설명해 줄 것을 부탁했고, 문장이 완벽하지 않더라도 손짓 발짓을 하면서 학교 아이들에게 말을 걸었다. 또 부모님께 힘들면 힘들다, 싫으면 싫다고 내 의사를 표현하기 시작했다. 부모님께서는 예상보다 내 의견을 더 존중해 주셨고, 우리 가족은 니카라과의 힘든 삶 속에서 서로에게 기댈 수 있었다. 학교 아이들도 생각보다 내 짧은 영어에 귀를 기울여 주었고, 친구들과 대화를 하면서 내 영어 실력은 날로 늘었다. 영어가 되니 수업 내용도 들리기 시작했고 성적도 많이 올랐다. 많은 친구를 사귀면서 고등학교 3년을 지내다 보니 어느새 내 성적은 전교 1등이 되었고, 학생회 회장으로도 뽑혔다.

KAISTAR, 별이 되어라

니카라과에서의 삶이 익숙해졌을 무렵 나는 잊었던 어린 시절의 꿈을 기억해 냈다. 명문대에 진학해 공부로 뜻을 이루고 싶다는 꿈이었다. 하지만 니카라과라는 작은 나라에서는 좋은 대학교에 진학하는 경우가 거의 없었다. 그리고 나 스스로도 꼭 좋은 대학에 가지 않아도 된다는 생각을 가지고 있었기에 편안한 마음으로 천천히 진학할 대학교를 조사하기 시작했다.

미국에 있는 몇몇 대학교에 지원해 봤지만, 대부분 떨어졌고 붙은 곳들도 너무 과한 등록금을 요구해 포기했다. 그러던 도중 어린 시절 가고 싶었던 대학교 중 하나인 카이스트가 떠올라서 인터넷 홈페이지를 방문했다. 카이스트 홈페이지에 들어가 입학 정보를 알아보려던 찰나 홈페이지 배경에 나타난 한 문구가 눈에 띄었다.

KAISTAR, 별이 되어라.

빛나는 별이라는 뜻의 이름을 가진 나는[내 이름은 성호(星鎬)이다.] 이 문구가 왠지 나에게 용기를 주고 있다는 생각이 들었다. 물론 나는 미국식 수능이라 불리는 SAT 성적도 카이스트가 평균적으로 요구하는 커트라인보다 많이 낮았고, SAT 이외의 다른 시험은 볼 기회도 없는 니카라과에서 살고 있었기에 제출할 점수가 하나도 없었다. 하지만 낮은 SAT 성적과 내신 성적, 학생회 회장이라는 경험만을 가지고 카이스트 입학에 도전하고 싶다는 마음이 들었다.

사실 카이스트에 원서를 내는 것은 나에게 있어 단순히 대학교 입학 지원 연습쯤으로 여겨졌고 그 이상의 의미는 없었다. 니카라과에서도 별로 좋은 학교가 아닌 NCA 출신이 카이스트에 입학할 수 있을 것이라는 기대를 하지 않았기 때문이다. 그저 미리 지원 경험을 해 두고, 고등학교를 졸업한 후 한국에 돌아가 다른 대학교에 입학원서를 넣을 때 참고하려는 목적밖에 없었다. 그래도 이왕 넣어 보는 것이니 최선을 다하자는 생각으로 자기소개서에 니카라과에서 겪었던 일들과 어려움을 어떻게 헤쳐 나갔는지에 대해 적어 보냈다.

며칠 후, 나는 예상과는 달리 1차 서류 면접을 통과했다는 통보를 받았다. 나는 그제야 카이스트 입학이 더 이상 꿈에서만 그리던 일이 아님을 실감하기 시작했다. 인터넷을 통해 최종 면접 발표가 공지되던 날, 나는 잠자리에 들기 전에 침대에 누워 3년 전 뎅기열에 걸렸던 날 침대에서 했던 다짐을 상기했다. 너무 긴장하면서 큰 기대할 필요 없다고, 여기까지 온 나 자신이 자랑스럽다고 생각하면서 나는 모든 기대를 내려놓고 잠이 들었다.

당일 새벽, 결과가 발표될 때까지 잠을 이루지 못하셨던 아버지께서 나를 급히 깨우셨다. 아버지께서는 격양된 목소리로 내가 합격했다는 소식을 전해 주셨다. 나는 직접 컴퓨터를 켜서 합격 통보를 두 눈으로 볼 때까지 그 말을 믿지 못했다. 어릴 적부터 꿈꿔 오던 대학으로, 조금은 길을 돌아갔지만, 나는 입학할 수 있게 되었다.

내가 다니던 NCA라는 학교는 미국식 국제 학교였는데, 미국 학교는 졸업식 때 학생 대표가 연단에 나가 연설을 하는 전통이 있다. 전교 1등이자 학생회 회장이었던 나는 학생 대표로 뽑혀 졸업 연설을 준비하게 되었다. 나는 연설문을 쓰면서 니카라과에서 보낸 3년 반이라는 시간을 돌이켜 보았다. 생각해 보면 뎅기열 이후로도 많은 어려움이 있었다. 집에 도둑이 들기도 했고, 카이스트를 제외하고 지원한 학교에 모조리 떨어지기도 했으며, 교통사고가 나서 크게 다칠 뻔했던 적도 있었다. 그러나 그때마다 나는 굳은 마음으로 자존심을 크게 내세우지 않았다. 오히려 자존심을 굽히고 내 주위 사람들에게 도움의 손길을 요청했고, 그들과 함께 많은 어려움을 이겨 낼 수 있었다. 나는 나를 도와주었던 수많은 사람들을 기억하면서 연설문을 준비했고, 연설을 통해 그들에게 감사하는 마음을 표현할 수 있었다.

폭풍우 앞에서는 흔들리는 갈대처럼

당신은 살면서 당신의 앞길을 막는 벽들을 많이 만나 왔고, 그것들을 당신의 힘과 능력으로 부수고 넘어왔을 것이다. 하지만 만약 만난 벽이 도저히 당신의 힘으로 이겨 낼 수 없는 것이라면 어떻게 하겠는가? 나는 높다란 벽 위를 바라보고 있는 당신에게 잠시 아래를 내려다보라고 조언하고 싶다. 역경이 있을 때마다 그것을 이기기 위해 당신이 목을 꼿꼿이 세우고 몸에 힘을 줄 필요는 없다. 가끔은 폭풍우에 꺾이지 않고 흔들리기만 하는 갈대처럼, 당신의 자존심을 내려놓고 힘을 풀어야 그 역경을 이겨 낼 수 있다. 또 눈앞에 있는 벽을 당신만의 역경이라 생각할 필요도 없다. 함께하는 사람들도 당신이 가지고 있는 능력이고, 자원이다. 넘을 수 없는 벽이라면 돌아서 지나가도 괜찮다. 혼자 넘을 수 없는 벽이라면 함께 넘으면 된다. 한 명이면 패하고 두 명이면 힘들어도 세 겹 줄은 끊어지지 않으니까.

꺼지지 않는 불빛에는 이유가 있다

전산학부 14 윤주연

흔한 카이스트 전산학도의 새벽

시계가 새벽 1시를 가리켰을 때, 나는 마침내 컴퓨터 화면에서 침침한 눈을 떼어 내며 인정했다. 이 과목을 선택한 건 내 인생 최대의 실수였다고.

"휴학하고 싶다."

맞은편 책상에서 내일 있을 퀴즈 준비에 여념이 없던 룸메이트가 한 마디를 보탠다. 그의 다크서클을 보고 있자니 오늘 따라 절절해지는 마음은 왜일까.

"넌 언제 잘 것 같아?"

"다 끝내면?"

보아하니 우리 둘 다 오늘 밤도 뜬눈으로 지새울 것 같다. 이런 날엔

잠깐의 '힐링'이 필요한 법.

"우빈(분식집 이름)?"

"떡볶이랑 야채순대? 좋지. 가자!"

"콜."

매콤하고 달달한 야식 앞에서 허물어지는 우리는 단순하다.

"아, 진짜 너무 힘들어. 할 게 왜 이렇게 많지? 어떻게 과제는 해도 해도 끝이 안 나는지."

불평불만이 끝이질 않지만, 우린 그래도 꽤 열심히 살고 있다. 솔직히 포기하지 않고 여기까지 온 것만 해도 대단하다. 떡볶이 국물에 푹 잠긴, 마지막 남은 계란 하나를 반으로 가르며 내리는 결론은 어쨌든 명쾌하다.

"역시 아직 휴학은 아냐."

그래, 먹은 값은 해야지. 기분 좋게 부른 배를 통통 두드리며 책상에 앉았다만, 사실 바로 집중은 안 된다. 새벽 감성 충만해진 이 순간, 컴파일 에러를 뿜어내는 프로그램 코드는 최소화 버튼으로 잠시 깔끔히 내려 두고 내 앞에 주어진 한 줄의 문장을 곱씹어 보기로 한다.

"카이스트 학생들은 실패가 두렵지 않다."

이 꼿꼿한 문장 앞에서 나는 어떤 위압감마저 느낀다. 나, 실패를 두려워하면 안 되는 건가? 사실 좀 불안하긴 한데. 이번 학기 학점이 슬슬 걱정도 되고, 그러다 나중에 가고 싶은 대학원에 처참히 낙방한다면 많이 슬플 거다. 냉정하게 바라보면, 과제에 허덕이고 시간에 쫓기는 내 모습은 이곳에 들어오기 전 상상했던 '멋진 대학생의 삶'과는 꽤 거리가 멀다. 학과 공부 정도는 척척 해낼 줄 알았는데, 아아, 며칠째 똑같은 프로그램 코드를 붙잡고 씨름하고 있는 한심한 처지라니.

그렇지만 이런 내가 감히, '실패'에 대해 말문을 연 건 나름대로 믿는 구석이 있기 때문일 것이다. 두려움은 그것에 대해 알지 못하는 데에서 온다. 하지만 적어도 나는 실패와 정면으로 마주했던 적이 있으며, 무너지고 일어서는 과정 속에서 그것이 어떤 얼굴을 하고 있는지, 그리고 결국 내게 무엇을 가져다주는지 알게 되었다.

카이스트 학생의 삶에, 예전의 나와 같이 어떤 환상을 품고 있다면 이 글로 인해 조금은 실망할지도 모르겠다. 안타깝게도, '우리나라 최고의 과학기술대학'이라는 멋진 타이틀을 달고서도, 우리는 모든 순간마다 반짝거릴 수는 없다. 실패를 딛고 일어섰다고 생각했다가도, 다시 크고 작은 것들에 치이고 넘어지기를 반복한다. 성취를 통해 빛나는 순간보다는 한 치 앞도 보이지 않는 캄캄한 시간이 더 길다. 그러나 너무 안타깝게 생각하지는 말길 바란다. 그럼에도 불구하고 새벽까지 카이스트의 불빛이 꺼지지 않는 이유. "힘들어!" 비명을 지르면서도 결국엔 버텨 내어 달콤한 아침을 맞을 수 있는 이유. 이제부터 꺼내 놓을 이야기에, 답이 있지 않을까 한다.

창업 경진 대회, 지우고 싶었던 기억

앞에서 내가 두려움은 모르는 것에 대해 생긴다고 했던가? 살짝만 번복하겠다. 어설프게라도 알긴 해야지. 사실 '아예 모르는 것'에 대해서는 두려움이 생길 여지도 없다. 첫 전공 학기를 맞이한 내가 그랬다. 그때의 나는 정말이지 의욕이 넘쳐흘렀다. 주위 사람들이 하는 건 다해 보고 싶었고, 남들이 안 하는 것들도 찾아서 해내야겠다고 마음먹었다. 그건 정확히 말하자면 일종의 강박이었다.

오랜 시간 동안 나는 칭찬받는 학생으로 살아왔다. 그 우월감을 잃을까 봐 두려웠다. 그러기 위해 항상 타인보다 앞서야 했고, 어느 순간부터 내가 생각하는 '완벽한 틀'을 그려 놓고 나를 거기에 끼워 맞추려 애썼다. 고등학생 시절 입시 압박 속에서 간절히 그려 왔던, 카이스트 안의 내 모습 또한 그랬다. 누구보다도 빛나야 했고, 무엇이든 잘 해냈다고 인정받아야 했다. 나중에 안 사실이지만, 비단 나만의 문제가 아니었다. 너무 어렸을 때부터 우리는 '항상 잘하는 학생'이어야만 했으니까. 경쟁에 길들여진 우리는, 지는 게 너무 두려워져 버렸다. 나 또한 조급했다. 나처럼 인정받으며 살아온 학생들로 가득한 이곳에서 뒤처지지 않기 위해 당장 무언가 가시적인 성과를 이뤄 내야만 한다고 생각했기 때문이다.

'창업'이라는 단어는 그런 내 불안감을 달래 주기에 꽤 알맞아 보였다. 마침 학교 내 창업 지원 센터에서 주최하는 공모전 소식을 전해 들었다. 선정된 팀들은 예비 창업자가 되어 미션을 수행하고, 그 결과에 따라 창업 자금 지원과 전문가의 코칭까지 주어진다고 하니 '이거다.' 싶었다. 돌이켜 보면, 내가 정말 창업의 꿈을 가지고 있었다고 자신하지는 못하겠다. "너, 카이스트 가서 뭐 했어?" 하는 질문에 으스대며 대답할 거리를 찾고 있었을 뿐이지 않았을까? 이제 와서 털어놓는 부끄러운 고백이다.

공모전 준비는 시작부터 순조롭지 않았다. 나는 갓 무학과를 마친 새내기 전산학도였다. 아무것도 모르는 상태에서 당장 아이디어가 떠오를 리 없었다. 고심하다 겨우 꺼내 놓은 아이디어들은 파고들수록 진부하고 비현실적으로 보였다. 게다가 밀려드는 전공 과제와 퀴즈는 1학년 때의 기초 과목들과는 비교할 수 없을 만큼 버겁게 느껴졌다. 우왕좌왕하는 나날들 속에서 속절없이 시간이 흘러갔다. 기한이 거의 다 되어서야 나 자신도 확신이 들지 않는 불확실한 주제라도 적어 낼 수 있었고, 약간의 희망을 안고 사업 계획서를 작성했다. 그러나 순간순간 나를 덮쳐 왔던 캄캄한 막연함은, 경험 부족을 뼈저리게 깨닫게 했다.

다수의 사용자를 대상으로 호스팅(hosting, 인터넷의 저장 공간을 제공하는 서비스)하는 앱을 제작한다는 사업 내용을 현실화하는 것은 그리 간단한 일이 아니었다. 끝에 가서는 순전히 오기였고, 어떻게든 빈 부분을 숨기기 위해 말을 포장하기에 급급했다. 발표장에서 만난 상대 팀들의 프레젠테이션에 주눅부터 들었다. 어떤 팀은 프로토타입과 수익 모델까지 명확하게 제시했다. 우리가 그다음 순서였는데, 심사 위원들의 갸우뚱한 표정에 우리의 목소리는 힘없이 떨리기 시작했다.

"미안하지만, 여러분이 말하고자 하는 사업이 뭔지 정확하게 이해되지 않아요."

"시장조사가 명확하게 이루어진 것 같지 않네요."

"그러니까, 시스템 개발은 학생들 중 누가 맡을 수 있지요?"

쏟아지는 혹평이 비수처럼 가슴에 꽂혔다. 이분들에게 나는 어떤 모습으로 비쳐졌을까? 나는 아무것도 할 줄 모르면서 허황된 말들만 늘어놓고 있었다. 나는 팀원들에 대한 미안함과 스스로에 대한 부끄러움으로 한동안 괴로운 시간을 보냈다. 열등감이라는 감정이 나를 잠식

했다. 같은 14학번, 같은 2학년이었지만 이미 실무에 대한 경험과 실력을 갖추고 팀에 기여하는 친구들도 있었다. 그들 앞에서 나는 참을 수 없는 초라함을 느꼈다.

내게 주어졌던 뜻밖의 처방전

창피한 기억에서 애써 도망쳐 일상으로 돌아왔지만 후유증은 쉽게 가시지 않았다. 과제든, 공부든, 조금이라도 마음처럼 되지 않으면 너무 쉽게 자기혐오에 빠지곤 했다. 이래서 따라잡을 수 있겠어? 고작 이런 것도 못하는 나는 정말 한심해. 스스로를 난도질하고, 혼자 화를 내다 문득 거울을 비춰 본 순간, 목표를 잃고 텅 빈 내가 보였다.

그 끝없는 자학의 늪에서 나를 꺼내 준 것들에 대해 생각한다. 배움의 과정 속에서 순간순간 얻었던 성취감, 아직 기회가 남아 있다는 희망은 어느 정도 내게 위로가 되었다. 그러나 그것들은 완전한 처방이 되지는 못했다. 진통제의 효력이 떨어지고 또다시 실패에 맞닥뜨렸다면 나는 처참하게 무너졌을 것이다. 악순환은 반복되었을 것이다. 그러나 다행히 나는 지금 거기에 갇혀 있지 않다고 단언하려 한다. 그러기 위해, 내가 완전히 달라진 시선으로 실패의 기억을 바라보게 해 준 경험을 돌이켜 볼 차례다.

호기심 반 흥미 반으로 신청했던 기술경영학과의 프로젝트 과목. 사실 학점을 잘 준다는 소문도 작용했다.(그 단순하고도 명료한 이유도 무시하지 못하겠다.) 별 생각 없이 첫 수업에서 마주한 주제는 이러했다. 레이저 커팅, 3D 프린터와 아두이노를 활용해 사회에 기여할 수 있는 제품을 팀별로 하나씩 제작하고, 사업 아이템으로써의 가치를 만들어 보는 것. 그게 한 학기 동안의 목표라고 했다. 하지만 창업 경진 대회에서의 참혹한 기억 때문이었을까? 솔직히 '사업'이라는 말에 덜컥 겁부터 났던 게 사실이다.

그러나 도면을 그리고, 3D 프린터를 사용하고, 아두이노를 다루는 방법까지 차근차근 배워 나갔던 처음 몇 주는 그저 즐거웠다. 결과물을 내야 한다는 압박감도, 평가에 대한 걱정도 없었으니까. 그렇게 배운 것들을 바탕으로 아이디어를 구상해 내는 작업이 이어졌고, 팀원들과의 여러 차례 만남을 통해 아이디어가 조금씩 구체화되어 갔다. '막막함'은 여전히 존재했지만 산업디자인학과, 생명화학공학과, 전자공학과 등 서로 다른 전공을 가진 학생들이 모여, 서로가 가진 지식들을 모으다 보니 좀 더 다양한 분야로 시야를 넓힐 수 있었다. '당장 우리가 할 수 있는 것'을 찾는 법도 배웠다.

"교수님, 저희가 할 수 있는 게 그리 많지 않아요."

우리의 하소연에 교수님은 웃으시며 처음부터 대단한 일을 해낼 수는 없다고 말씀하셨다. 그런 것은 바라지 않는다고도 하셨다. 그저 당장은 그리 정교하고 혁신적인 것으로 보이지는 않더라도 '사회를 위해, 무언가를 만드는 과정' 속에서 우리가 함께 성취하는 법을 배우기를 원한다고 하셨다. 그 말이, 나를 짓누르고 있던 무언가를 걷어차 버린 것만 같았다.

알고 보니 나는 생각보다 팀에서 쓸모 있는 존재였다. 아두이노에 들어갈 프로그램을 제작하는 건 내 몫이었기 때문이다. 전공과목을 배우면서 '대체 이걸 어디에 써먹을 수 있다는 거야?'라고 불평했던 것들의 배움이 실제 제품을 움직이는 '살아 있는' 코드들로 다시 태어났다. 작업이 길어져 종강이 일주일 늦어지기는 했지만, 친구들이 모두 떠난 학교에 남아 며칠 밤을 꼬박 바친 후에 우리의 '어린이 화상 방지용 온도 감지 센서'를 완성할 수 있었다.

마침내 최종 발표 날이 다가왔다. 나는 문득 경진 대회에서 발표를 망쳐 버린 기억이 떠올랐다. 입 안이 바싹바싹 마를 정도로 초조했다. 그러나 막상 들어간 발표장의 공기는 여느 때와는 사뭇 달랐다. 이 수업에서 팀의 등수는 중요하지 않았다. 점수에 대한 집착과 상대 팀에 대한 경쟁심을 거두니, 긴장할 필요가 없었던 것이다.

제품을 완성하지 못한 팀도 있었지만, 같은 공간에서 개발 과정을 함께 지켜보았기에 그들이 얼마나 많은 우여곡절을 겪었는지 알았다. 결국 모두가 함께 하나의 작품을 만든 것이나 다름없었다. 우리는 그럴듯한 말로 성과를 포장하는 대신 고민했던 부분, 제품을 만들면서

아두이노에 들어갈 프로그램을 제작하면서 전공과목에서 배운 지식을 실제로 활용하는 뿌듯함을 맛보았다.

직면했던 문제 등을 솔직하게 털어놓았다. 그렇게 다시 주어진 기회에서 만족스럽게 종지부를 찍을 수 있었다. 그 모든 여정을 끝내고 교수님이 사 주셨던 바삭한 프라이드치킨과 시원한 맥주의 컬래버레이션은 얼마나 짜릿하던지!

단순히 두 번째 '시도'가 어느 정도 성공으로 끝나서 내가 실패를 완전히 극복했다고 말한다면 성급한 판단일 것이다. 솔직히 말해, 수업 시간에 만들어 낸 제품이 객관적으로 사업적 가치가 있다거나 대단한 기술이 들어간 건 아니었다. 성공이라고 말하기엔 낯간지러운 것이었다. 그러나 내가 정말로 얻었던 건 성공이라는 결과도, A^+라는 학점도 아닌, '함께 갈 수 있다는 것'에 대한 깨달음이었다.

함께일 때 비로소 찾은 용기

우리는 실패 속에서 지금까지의 자신에게 부족했던 점들을 발견했고, 그 결핍을 채워 다시 도전하는 발판으로 삼아야 한다는 것이 진부하지만 가장 모범적인 답안임을 인정하기로 했다. 그러나 빼놓을 수 없는 전제가 하나 더 있다. 나의 부족함을 메우는 건, 끊임없는 비교와 타인에 대한 열등감 안에서는 불가능하다. 결코 도달할 수 없어 보이는 차이를 실감했을 때 우리는 더 이상 노력해야 할, 다시 일어서야 할 이유조차 잃어버리기 때문이다. 그 순간 실패는 가혹하고 사나운 얼굴을 하게 된다.

하지만 감사하게도, 실패는 내게 다른 얼굴을 보여 주었다. 사실 제각기 다른 방면에서 나보다 더 뛰어난 사람들, 어떤 부분에서는 이미

나보다 훨씬 앞서 많은 걸 이루어 낸 사람들 앞에서 작아질 필요는 없었다. 나는 언젠가 그들과도 팀을 이룰 것이다. 그때에는 내가 조금 다른 역할을 맡으면 되지 않을까? 내가 그들보다 더 능숙하게 해낼 수 있는 일들도 분명히 존재할 것이다. 타인을 열등감의 대상이 아닌 꿈을 공유하는 이들로 인식했을 때 비로소 나는 강박에서 벗어나 내가 할 수 있는 일들을 찾을 용기를 얻었다.

새로운 학기는 또 시작됐다.(이 사실은 아직도 적응이 되질 않는다.) 과거의 내가 그렸던, 3학년이 되면 정말로 그렇게 될 줄로만 알았던, '사기 캐릭터'에 가까운 완전무결한 내 모습은 온데간데없다. 그렇지만 나는 불완전한 지금의 내 모습이 좋다. 비록 여전히 과제 기한을 아슬아슬하게 넘기고, 불평이 좀 많고, 문제의 그 창업 경진 대회에 와신상담의 자세로 재도전하는 것은 다음 학기로 미뤄 두긴 했지만, 어쨌든 결코 체념하거나 포기하지는 않았다. 제대로 해낼 수 있는 내실 있는 능력을 갖는 게 일단은 우선이다. 그러니, 슬그머니 닫아 두었던 과제 코드를 열어 새로운 마음으로 디버깅(debugging, 프로그램의 오류를 잡아내는 과정)을 시작한다. 400줄밖에 되지 않으니 길어도 4시간이다. 이 정도면 충분히 오늘 안에 할 수 있다. 희망이 보인다.

순간 '카톡' 알림음이 울린다. 이 시간에 메시지를 보내는 건 보나 마나 함께 전공 수업을 듣는 친구들 중 하나일 것이다.

"살려 줘. 오류가 안 잡혀."

역시나, 예상을 벗어나지 않는다. 그래도 함께 이 밤을 새는 친구가 있다는 건 크나큰 위안이다. 곧바로 짤막한 답장을 보낸다.

"나도 지금 잡는 중. 되면 서로 알려 주기."

뭐 이런 과정 속에서 나는 더디지만 한 발 한 발 앞으로 나아가고 있다. 할 수 있는 최대한의 열정을 쏟아서 지금의 내가 해야 할 일을 한다.

넘어지는 게 하나도 아프지 않다고는 말하지 못하겠다. 그러나 다시 일어설 자신은 확실히 있다. 쓰러진 서로를 붙잡아 줄 수 있는 사람들이 든든하게 버티고 있기 때문이다. 오랫동안 나는 내가 트랙 위에서 고통스러운 레이스를 펼치고 있다고 생각했다. 그 끝을 찾기 위해 필사적으로 노력했지만, 애초에 목적지는 없었기에 길을 잃을 수밖에 없었다. 카이스트라는 공간에서 소중한 인연들을 만나면서 그리고 스스로에게 작은 흠집을 내고 나서야 비로소 깨달았다. 내가 서 있는 이곳이 사실은 나의 꿈이었다는 것을 말이다.

그리고 지나온 시간은 여길 더 나은 곳으로 만들기 위해 옮기는 발걸음이었다는 것도 함께 알게 되었다. 함께할 수 있는 뛰어난 이들이 곁에 있다는 건 또한 얼마나 큰 축복인가? 그렇기에 '우리에게' 실패는 더 이상 두려운 존재가 아니다, 분명히.

시련 타파기

기계공학과 13 오승진

초록의 계절, 피어나는 연구 새싹

계절의 순환은 어김없이 찾아와 어느새 신록이 푸르다. 마치 새로운 시작과 변화를 예견한 듯 초록 식물들은 제각각 각자의 자리에서 분주하다. 요즘은 자연이 만들어 낸 풍경 속에 있는 것 그 자체가 내겐 휴식이다. 교수님께서는 이런 봄의 향연을 애써 외면하시는 듯 더욱 열정적인 강의는 기본에, 과제는 덤으로 얹어 주신다. 여느 때와 다름없이 방 한 켠에서 과제에 매달리고 있던 나. 창문 커튼 사이로 빼꼼 들어온 햇살이 너무나 따사로워 나도 모르는 힘에 이끌려 산책을 나갈 채비를 한다.

개인적으로 우리 학교는 가벼운 산책을 하기에 딱 맞춤이라는 생각이 든다. 처음 입학했을 당시에는 넓은 부지에 띄엄띄엄 배치된 건물들이 다소 휑하게 느껴졌는데, 지금은 가볍게 걸으며 탁 트인 공간을 맘껏 볼 수 있어 답답했던 내 속이 뻥 뚫리는 것 같다.

봄볕을 쬐며 산책길에 나서니 가슴이 탁 트이는 풍경은 눈이 부실 지경으로 감탄사가 툭 튀어나온다. 특히 오리 연못에서 솟아오르는 분수와 까리용의 풍경, 어은 동산에서 내려다본 KI 빌딩 방향의 전경은 무척이나 아름답다. 하나 더하자면, 걷다가 마주치는 친구들 그리고 선후배들과 반가운 인사 한마디를 나누면 잃었던 활력이 다시금 솟아난다. 이러니 교정을 산책하는 일을 어찌 좋아하지 않을 수 있겠는가? 기숙사에서 벗어나니 방 공기와는 다른 상쾌함이 느껴져 오늘도 어김없이 기분이 좋아졌다. 다니는 길마다 카이스트인이 북적이고, 저마다의 꿈을 실은 활기찬 발걸음에 장단을 맞추다 보면 그들과 함께 공부하고 있다는 사실에 행복을 느낀다.

이제 4학년 1학기. 모두들 고개를 내젓는 힘든 학년이라지만 그나마 이렇게 즐겁게 지낼 수 있는 것은 지난 6개월간의 일들을 잘 헤쳐 나왔기 때문이리라. 불과 작년 봄 학기의 끝 무렵만 해도 나는 걱정과 불안감에 휩싸여 있었다. 무엇이 나를 그렇게 애타게 했을까?

이야기는 내가 한 연구실의 학부 연구생으로 지원하면서부터 시작됐다. 지난 6월, '신소재 응용 기계설계 연구실 학부 연구생 모집'이라는 제목과 함께 복합재료와 관련된 연구를 하고, 그것을 바탕으로 논문을 작성할 학부생을 모집한다는 내용의 공지가 올라왔다. 예전부터 연구자가 되는 것이 꿈이었지만, 학부생 신분으로는 갖고 있는 지식도 많지 않았을뿐더러 연구할 기회가 거의 주어지지 않았기에 연구는 그저 막연한 동경의 대상이었다. 그러던 차에 연구를 직접 할 수 있게 해 준다는 공지를 보니 정말 좋은 기회라는 생각이 들어 한 치의 망설임도 없이 지원했다. '혹시 내가 부족한 면이 많아서 안 된다고 하면 어쩌지?' 하는 걱정도 있었지만 예상과는 다르게 흔쾌한 답이 돌아왔다. "이번 주 토요일에 연구에 대한 간단한 설명회를 할까 하는데 와서 설명을 듣고 관심이 있다면 같이 의논해 보자."라는 내용이었다. 해도 된다는 허락을 받은 것도 아닌데 어찌나 기뻤는지 모른다.

토요일, 나는 설렘과 기쁨을 안고서 두 차례에 걸쳐 연구에 대한 간략한 설명을 듣고 앞으로의 방향을 논의해 볼 수 있었다. 연구에 대한 열망도 있었지만 선배님께서 무척 친절하고 완벽하게 설명해 주셔서 그분 밑에서라면 많은 것을 배우고 경험할 수 있겠다는 확신이 들었다. '사람이 좋은 연구실이 좋은 연구실'이라는 말이 괜히 나온 게 아니라는 생각이 들었다.

며칠 후, 나는 연구실에서 무조건 일하고 싶다는 결심을 말씀드렸다. 돌이켜 생각해 보면 어떻게 아무런 겁도 없이 내가 하겠다고 선뜻 나섰는지 놀라울 따름이다. 사실 복합재료는 내 관심 분야가 아니었다. 게다가 수업까지 병행하려면 무척 힘들 것이라는 점은 불 보듯 뻔했기 때문이다.

오로지 자유롭게 연구할 수 있다는 매력이 나를 사로잡았고, 그렇게 내 연구실 생활은 시작되었다. 대부분의 영화나 드라마 스토리가 그렇듯 처음 시작은 무척이나 순조로웠다. 수업도 남들보다 뒤처지지 않으려고 이전보다 더 집중해서 들었으며, 연구실이라는 새로운 환경에서 연구라는 것을 배우는 일이 즐거웠다. 논문을 읽으며 다른 사람들이 이룬 업적과 연구 방법을 공부하는 것을 시작으로 실험실 장비를 다루는 방법, 아이디어를 내 보는 것까지 하면서 차근차근 걸음마를 뗐다.

첫 번째 좌절과 극복, 생각에 생각 더하기

갓 걸음마를 뗀 연구실의 꼬마 아이였던 나는, 여느 아이들처럼 몇 번이고 계속 넘어지고 일어나기를 반복했던 듯하다. 그런 내게 시련이 닥친 것은 한 달 후의 일이다. 먼저 선배와 함께 의논해서 잡은 주제는 '아라미드·에폭시 복합재료의 접착력 향상에 관한 연구'였다. '아라미드'라는 섬유는 무척 질기고 단단해 방위산업체에 응용하거나 해양 구조물 등의 견고한 설계에 복합재료의 형태로 이용할 수 있는데, 접착력을 향상시킬 방법을 연구하면 좀 더 완벽한 구조물을 설계할 수 있겠다고 생각했다. 나는 표면 거칠기를 증가시키는 방법을 이용하면 간단하게 해결될 것이라고 가정했고, 실행 가능성을 간단히 확인해 보았을 때 타당하다는 생각이 들었다.

이때까지만 해도 무척 기대에 부풀어 의욕이 넘쳤다. 처음으로 연구 주제를 설정해 보았고, 경향성을 간단히 실험해 본 결과도 좋았기 때문이다. 하지만 주말에 교수님께 주간 결과물을 발표하는 세미나에서 기어이 시련이 찾아왔다. 내가 준비한 내용을 모두 말씀드리자 교수님은 "그래서 그걸 어디에 쓸 건가? 하는 목적이 무엇인가?" 하고 질문하셨다. 나는 "아라미드 복합재료를 이용하는 방위산업체나 다른 구조물 등에 활용할 수 있을 것입니다."라고 준비한 대답을 내놓았다. 하지만 내 예상 밖의 대답이 돌아왔다.

“요새 아라미드는 비싸서 잘 안 써. 그리고 표면 거칠기를 향상시키는 방법은 이미 다른 재료에서도 많이 연구되었고.”

근 한 달간의 고민과 준비가 무너져 내리는 순간이었다.

나는 더 이상 아무런 대답도 할 수 없었고, 얼굴도 후끈후끈해졌다. 무대에서 미끄러져 넘어진 가수들이 분명 이런 기분이었으리라. 그렇게 나는 첫 무대에서 힘없이 넘어진 채 세미나가 빨리 끝나기만을 초조하게 기다렸다. 고심 끝에 선정한 주제가 모두 물거품으로 돌아갔기 때문이었다.

주제를 조금 더 참신한 것으로 다시 고민해 보라는 교수님의 조언을 받은 후, 며칠간은 지독하게 좌절감에 빠졌었던 것 같다. 무엇을 해야 할지 모른 채로 계속 시간을 보내다가 혼자 고민해 봤자 진전이 없음을 깨닫고 난 후, 예전에 그랬던 것처럼 주변 사람들에게 물어보고 그

고심 끝에 정한 연구 주제를 퇴짜 맞은 세미나 발표 시간.

들의 아이디어를 듣고자 했다.

작은 시골 마을에서 공부해 과학고등학교에 진학했던 시절에도 내 능력의 부족함 때문에 이와 비슷한 무력감을 느꼈었다. 아무리 공부하고 친구들을 따라잡으려 해도 많은 부분을 미리 배우고 온 친구들에게 항상 뒤처졌기 때문이다. 처음에는 자존심 때문에 모르는 것이 있어도 끝까지 혼자 해결하려고 했다. 하지만 그 자존심 때문에 점점 효율적인 공부를 하지 못한다는 것을 깨달은 후, 나는 과감히 자존심을 버렸다. 모르는 문제가 생기면 친구들이건 선생님이건 붙잡고 매달려서라도 해답을 찾을 때까지 묻고 또 물었다.

이번에도 마찬가지였다. 처음에는 연구실 형들께서 하고 계시는 연구들을 곱씹어 보면서 어떤 방향으로 연구를 하면 좋을지 여쭈어 보았고, 세미나 시간을 활용해 경험으로부터 우러나오는 교수님의 이야기를 많이 듣고자 했다. 마지막으로는 사수이신 형들과 틈이 날 때마다 주제에 관해 의논했다.

그렇게 끊임없이 묻고 고민한 후에야 다른 주제를 찾을 수 있었다. 주제를 선정하는 일은 역시 쉽지 않아서 바로 떠오르진 않았다. 문득 교수님께서 탄 밥이 밥솥에 달라붙어 아무리 설거지를 해도 잘 떨어지지 않는다고 말씀하셨던 것이 떠올랐다. 거기에다 연구실 선배들께서 하고 계시던 방화 구조체 개발 연구 내용이 스쳐 지나가며 교수님께서 말씀해 주신 성질을 이용할 수 있을 것이란 생각을 했다.

방화 구조체는 말 그대로 화염 환경에서 사용되기 때문에 복사열로부터 받은 에너지로 인해 온도가 급증하는 것을 방지하기 위해 금속으로 된 박판을 붙인다. 이때 사용되는 금속의 접착력이 매우 낮은데, 탄

밥풀이 밥솥에 무척 잘 붙어 있는 것처럼 이 금속 표면에도 잘 붙어 있는 탄화층을 만들어 놓으면 접착력이 크게 증가할 것이라고 생각했다. 우연히 떠올린 주제였기 때문에 사수 형들과 끊임없이 의논하며 주제를 완성시켰고, 세미나 시간에 그 주제와 실험 설계에 관해 발표했다. 그리고 돌아온 교수님의 OK 사인. 참신한 아이디어라고 칭찬해 주시며 열심히 해 보라는 말씀에 그동안의 고민과 좌절감이 한순간에 씻겨나갔다. 무언가를 해냈을 때의 희열과 성취감이 있기에 난관을 헤쳐나갈 용기가 생기는 것 같았다.

여기에서 내가 힘을 낼 수 있었던 것은, 혼자 고민하지 않고 여러 사람의 '생각'에 내 '생각'을 모으고 더한 과정이 있었기 때문이다. 그래서 나는 끊임없이 묻는 이 방법이 살아가는 데 많은 도움을 준다고 굳게 믿는다. 상대가 누가 됐든 자기 능력껏, 크게 부담을 느끼지 않는 상황이라면 함께 의논해 주었고 그 과정은 종종 문제 해결에 가장 빠른 지름길이 되곤 했다. 만약 부끄러워서, 혹은 자존심이 상해서 주변 사람들에게 잘 묻지 못하는 사람이 있다면 용기 내어 물어보라고 말하고 싶다. 처음에는 조금 껄끄러워도, 나중에는 질문에서부터 시작되는 토론의 장이 무척 흥미롭게 느껴질 테니 말이다.

두 번째 시련과 극복, 간절함 그리고 끈기

한 번 더, 내게 닥친 시련은 연구 결과가 계속 실패했다는 것이다. 나는 교수님께 칭찬을 받으며 성공적으로 주제를 선정했기 때문에 앞으로는 모든 결과가 다 좋을 것이라고 자신했다. 주제와 아이디어가 확실했기 때문에, 그에 맞는 실험을 구상해서 접착력이 향상된다는 결과를 얻어 내면 해결될 것이라고 확신했기 때문이다. 하지만 그 확신은 실제로 실험을 하고 난 후에 바로 사라져 버렸다. 예상과는 정반대로 아이디어를 적용하면 접착력이 떨어지는 결과가 나왔기 때문이다. 나폴레옹이 잇따른 승전으로 자신감에 차서 혹독한 겨울임에도 승산 없이 러시아를 공격했다가 참패를 당했듯이, 지나친 자신감은 언제나 화를 부른다. 벼는 익을수록 고개를 숙인다고 하지 않는가?

2주 동안, 있는 시간 없는 시간을 쪼개서 조건을 달리해 가며 실험을 계속해도 수십 개 중 단 하나의 시편을 제외하고는 전혀 진척이 없었다. 사실 결과가 잘 나오지 않으면 나올 때까지 열심히 하면 된다는 생각이 큰 위로가 되었지만, 쌓여 가는 수업 과제를 해결하느라 잠이 부족했고, 그래서 수업 시간에 항상 졸게 되는 악순환으로 몸과 마음이 지칠 대로 지쳐 갔다. 과제는 해야 하고, 그러자니 잠을 푹 자지 못해서 수업 시간에 졸게 되는데, 남는 시간을 모두 실험에 쏟아부어도 결과가 나아지지 않는 것이 너무나 답답하고 억울했다. 더군다나 매주 세미나 시간에 실패한 결과만 말씀드리자니 부끄럽기도 하고 자신감도 계속 떨어졌다. 자존감을 잃었던 이 시기가 가장 힘들었던 때가 아니었나 싶다.

그나마 나를 버티게 해 준 한 가닥 희망은 단 하나의 성공적인 시편에서 얻은 결과였다. 처음에는 실험 조건을 정밀하게 조절하지 않았기에, 무척 많은 조건 중 운 좋게도 한 시편에서 제대로 된 결과가 나온 것이었다. 그 하나의 결과가 있었기에 지친 마음을 추스르며 다시 한 번 희망의 끈을 놓지 않을 수 있었다.

'실험 결과가 정반대로 나오는 이유가 무엇일까?'

원인을 생각하면서 '성공했던 미지의 실험 조건은 왜 좋은 결과가 나왔을까?'에 대해 분석하고 지속적으로 문제 해결 방법을 찾았다.

그렇게 실험을 시작한 지 3주째가 되었지만 세미나 바로 전날 밤까지도 만족할 만한 결과는 나오지 않았다. 보통 시편 한 세트당 결과를 얻을 때까지 6시간 정도가 걸린다. 때문에 더 실험을 하기에는 너무 늦은 시간이었지만, 나는 정말 마지막으로 한 번만 더 해 보자는 각오로 다시 실험실에 들어갔다. 그렇게 새벽 늦게까지 이루어진 마지막 실험 결과는 대성공이었다.

나는 다음 날 기분 좋게 결과 발표를 했다. 교수님의 만족한 표정, 이제껏 했던 발표 중 가장 잘했다는 선배의 칭찬은 온 세상이 다 내 것인 양 날아갈 듯한 기쁨을 주었다. 만약 끈기를 가지고서 집요하게 노력하지 않았다면 그런 결과를 얻을 수 없었을 것이다. 그 후에도 몇 번이고 결과물이 실패로 돌아갔지만, 그날의 기쁨을 생각하며 더욱 열심히 해결 방법을 찾곤 했다. 그리고 마침내 나는 결과를 인정받아 학술지에도 연구 내용을 실을 수 있었다. 돌이켜 보면 너무나 고단했던 시간이었지만, 지금은 내게 있어 가장 소중한 경험이고 내가 동경했던 일에 열중할 수 있었다는 점에서 무척 행복한 기억이다.

내가 행복한 끝맺음을 할 수 있었던 이유는 실험에 대한 성공 그 하나만을 좇았던 끈기와 간절함 때문이다. 처음부터 잘되는 일이란 그렇게 많지 않다. 바라는 일이 단번에 이루어진다면, 세상 사람들은 모두 얼굴 찡그릴 일이 없을 것이다. 다시 말하자면, 우리가 하는 일이 무조건 성공하리라는 보장은 없다. 그렇기 때문에 우리가 할 수 있는 것은 하는 일에 신념을 갖고 끝까지 달려가는 끈기와 인내심을 가지는 것뿐이다. 나아가 그 일에 대한 간절함까지 있다면 이는 큰 힘이 된다. 그렇기 때문에 간절하게, 끈기 있게 달려야 한다. 때로는 지치고 모든 것을 내려놓고 싶을 때가 올 수도 있지만 조금씩 달리다 보면 어느새 '완주'라는 짜릿한 순간을 맞이할 것이다. 그리고 그간의 고통은 씻겨 나갈 것이다.

식지 않는 열정으로, 굴하지 않는 용기로

나는 내게 찾아온 시련들을 운이 좋게도 주변 사람들의 도움과 끈기로 헤쳐 나갈 수 있었다. 난관에 부딪혔을 때, 실패할 수도 있고 때로는 좌절할 수도 있다. 하지만 성공과 실패 혹은 기쁨과 좌절은 한 사람의 인생을 판가름하는 절대적인 단어가 될 수 없다. 누구나 성공할 수 있고 때로는 실패할 수 있으며 기쁠 때도 있고 슬플 때도 있다는 것은 이미 경험해 본 사실일 것이다. 즉, 실패와 좌절은 항상 우리를 따라다니는 그림자와 같은 존재이기 때문에 문제를 어떻게 해결할지 진지한 고민을 하는 자세가 더 중요하다. 그 자세가 우리에게 앞으로 더 큰 힘을 쥐어 줄 것이다. 실패로 말미암아 자신이 원했던 성공보다 더 큰 성공을 거둘지, 한 번의 좌절을 딛고 얼마나 더 큰 기쁨의 눈물을 흘릴지는 아무도 모르는 일이다.

얼마 전 학교 근처에서 열렸던 〈모네, 빛을 그리다〉 전시회의 주인공 클로드 모네도 살아 있을 당시에는 인정받지 못했다. 파리의 살롱에서 그의 작품은 조롱을 받고 거부당했다. 그런데도 아랑곳하지 않고 일생

〈모네, 빛을 그리다〉 전시회 포스터와 모네가 1886년에 그린 〈베레모를 쓴 자화상〉.

동안 예술혼을 불태웠기 때문에 현재 그는 인상주의의 거장으로 칭송받고 있지 않은가?

지금도 우리 중 누군가는 분명 시련에 맞닥뜨려 있을 테고, 그로 인해 좌절하며 아파할 것이다. 하지만 쓰디쓴 인내로나마 견딜 수 있다면 분명 달콤한 보상이 우리를 기다리고 있을 것이다. 확실하지 않은 목표, 막연한 꿈이어도 좋으니 무언가를 바라보고 전진하는 강인한 우리가 되기를 바란다. 그러면 누군가는 우리의 식지 않는 열정이, 우리의 굴하지 않는 용기가 멋있고 아름다웠다고 기억해 주지 않을까? 오늘도 우리 학교 청춘들은 아름답다. 그리고 앞으로도 영원히 아름다울 것이다.

지금 이 순간에도 우리는 '희망'이란 녀석을 끌어안고 산다. 그까짓 시련 따위, 한 방에 훅 날려 버릴 것처럼.

나와 아버지

바이오및뇌공학과 13 표인하

좋았던 시절

4학년 1학기 중간고사가 끝난 후, 나는 오랜만에 서울에 있는 집에 갔다. 집에 들어가니 아버지가 나를 따뜻하게 맞아 주셨다. 아버지는 내게 중간고사는 잘 봤냐고 물어보셨다. 나는 아버지의 눈을 바라보았다. 내가 잘 봤다, 혹은 못 봤다라고 말하면 아버지의 반응이 어떻게 달라질지 궁금했다. 그래서 나는 시험을 못 봤다고 말했다. 아버지는 옛날과는 다르게 활짝 웃으셨다. 순간 중학교 때 시험을 망친 후 아버지께 흠씬 두들겨 맞았을 때가 생각났다. 지금은 다 지나간 일이다.

우리 집은 부자였다. 아버지와 어머니의 집안은 찢어지게 가난했지만, 아버지의 사업이 크게 성공해서 내가 태어난 직후에 큰 집으로 이사했다. 어렸을 때에는 아버지와 하루 종일 같이 지냈다. 아버지는 재

택근무를 하셨기 때문에, 가끔 주말에 회식을 할 때 빼고는 나와 함께 시간을 보냈고 자주 장난을 치며 놀았다. 그때의 아버지는 남들이 생각하는 아버지의 모습이 아닌, 큰형의 모습이었다. 항상 멋있고, 재밌고, 여유로운 사람이었다. 내 친구들도 이런 아버지를 존경했으며, 가끔씩 내게 아버지를 바꾸자고 말하기도 했다. 나는 억만금을 준다고 해도 아버지는 내줄 수 없다고 했다. 그만큼 나는 아버지를 사랑했다.

아버지 역시 나를 끔찍이 사랑하셨다. 어릴 적에 "엄마가 좋아, 아빠가 좋아?"라는 유치한 질문을 받으면 나는 곰곰이 생각하고 선뜻 대답하기를 꺼렸지만, 아버지는 항상 세상에서 제일 사랑하는 사람은 우리 아들이라고 하셨다. 아버지의 지나친 아들 사랑은 내가 초등학교 6학년이 될 때까지는 축복처럼 느껴졌다. 항상 세뱃돈도 동생보다 많이 받았고, 과자나 초콜릿도 더 먹었다. 그때까지만 해도 나는 이게 당연한 줄로만 알았다.

욕심과 과부하

중학생이 되자 아버지는 나에게 욕심을 내기 시작하셨다. 나는 국어, 영어, 수학 학원을 다녀야 했다. 초등학교 때도 학원을 다니기는 했지만, 그때는 학원에 가서 제대로 공부한 기억이 없다. 학원에서 친구들과 놀다 왔을 뿐이었다. 하지만 중학생이 되자 학교에서 매주 나오는 숙제와 학원 숙제를 병행해야 했기 때문에 주말에도 마음 놓고 놀 수가 없었다. 나는 다른 아이들과의 경쟁에서 도태될 수 없다는 생각으로 버텼다.

시간이 갈수록 아버지의 욕심은 점점 더 커졌다. 하루는 학원에 찾아오셔서 내가 보는 앞에서 선생님에게 나의 분반을 바꿔 달라고, 더 잘하는 반으로 바꿔 주지 않으면 학원을 그만두겠다고 협박 비슷한 말을 하셨다. 나는 집에 돌아가 아버지께 다시는 학원에 찾아와 그런 말을 하지 말아 달라고, 선생님 입장도 생각해야 된다고 했지만 아버지는 들은 체 만 체 하셨다. 다음 날 학원에 가 보니 분반이 바뀌어 있었고, 그 후 나는 더 어려운 내용을 공부해야만 했다.

비슷한 일이 몇 번 반복된 후 나는 몇 학년 위인 형들과 같은 교실에서 수업을 받았다. 숙제가 쏟아져 나왔고, 쉬운 숙제는 단 하나도 없었다. 학교가 끝나자마자 독서실에서 숙제를 하고, 학원에 갔다가 밤늦게 돌아왔다. 학교에는 친한 친구가 별로 없었고, 학원에서도 형들과 죽이 잘 맞지 않아 외톨이가 되었다. 점점 몸과 마음이 무너져 가는 도중에 나는 중학교 2학년이 되었다. 그리고 소위 말하는 '중2병'에 걸렸다.

힘들어 하는 나를 보고 아버지는 항상 화를 내셨다. 학교 수업이 끝나고 집에 와서 낮잠을 자는 나를 보면 체력이 부족하다고 다그치셨다. 지금도 잠이 많지만, 그때는 한창 몸이 성장할 시기라 하루 종일 피곤했다. 집에서 공부하다가 꾸벅꾸벅 졸 때마다 아버지에게 잔소리를 들어야 했다. 늦은 밤 학원이 끝나고 나와 아버지는 근처 음식점에 가서 밥을 먹었다. 아버지는 체력이 강해야 학교와 학원에서 졸지 않는다고 하셨다. 밥을 먹으면서는 그날 학원에서 공부했던 내용을 얘기했다. 맛이 없어서 코를 막고 억지로 삼켜야 하는 보약도 많이 먹었다. 아버지는 내가 공부 말고 다른 곳에 한눈파는 것을 몹시 싫어하셨다.

하루는 학원 선생님이 교통사고를 당하셔서 휴강이었는데, 같이 수업을 듣는 형들과 오락실에 갔다. 집에 돌아가니 아버지께서 왜 이렇게 늦게 왔냐고 물으셨고, 나는 혼날까 봐 오락실에 갔다고 말하지 못했다. 그날 이후로 나는 아버지께 거짓말하는 습관이 생겼다. 점점 더 아버지가 무서워졌다. 예전의 친구 같던 모습은 사라지고, 내 성적에 집착하는 모습만 남았기 때문이다.

중학교 3학년 때 시험 범위를 잘못 알아서 시험을 망친 적이 있었다. 성적표가 나오는 날, 내 머릿속에는 어떻게 하면 아버지께 걸리지 않고 잘 넘어갈 수 있을까 하는 생각뿐이었다. 그러다가 PC방에 가서 성적표를 위조해야겠다는 생각에 이르렀다. 그날 저녁, 나는 시험을 망친 학우들과 함께 성적표의 숫자를 감쪽같이 바꾼 후 부모님께 보여 드렸다. 부모님께서는 칭찬을 많이 해 주셨지만 나는 웃을 수 없었다.

나의 사기 행각은 며칠이 지나지 않아 금방 들통났다. 아버지께서 내가 성적표를 위조했다는 사실을 알았을 때 나에게 남은 건 공포뿐이었다. 집에 돌아가면 하루 종일 맞을 테니까. 그러나 맞을 때의 육체적 고통보다도 부모님을 속인 후 얼굴을 마주해야 할 때의 정신적 고통이 더 아프다고 생각했다. 그래서 나는 가출을 결심했고, 단돈 만 원을 들고 나와 집 밖에서 5일을 버텼다. 내가 주도적으로 행동한 처음이자 마지막 일탈이었기에 더욱 기억에 남는다. 이를 계기로 부모님께서는 내가 많이 힘들어 한다는 것을 아셨다.

신독(愼獨, 홀로 있을 때도 도리에 어그러지는 일을 하지 않고 삼감)

집에 계신 아버지가 내게 가하는 압박에 힘겨워하고 있을 무렵, 나는 과학고등학교에 합격했다. 나는 가고 싶던 학교에 입학했지만 기분이 마냥 좋지만은 않았다. 싫어하는 아버지가 합격 사실에 기뻐하실 생각을 하니, 합격은 더 이상 내게 기쁨이 아니었다.

과학고등학교에 입학하자 중학교 때와는 엄청나게 다른 생활이 이어졌다. 우선, 기숙사 생활을 하니 부모님의 잔소리를 듣지 않아도 되었다. 입학 첫 주에는 매일 아버지의 전화를 받았지만, 그 후로는 점차 전화가 뜸해졌다. 이때부터 나는 아버지로부터의 자유를 만끽하기 시작했다. 학교가 끝난 후 학원에 갈 필요도 없었기 때문에, 나는 친구들과 운동을 하면서 친해지기 시작했다. 내가 중학교 시절부터 바라던 생활을 하니 기분이 날아갈 듯했다.

하지만 과학고등학교에 와서 모든 점이 좋아진 것은 아니었다. 각 지역에서 성적이 우수한 학생들만을 뽑았기 때문에 다들 공부를 잘했다. 첫 중간고사에서 나는 끝에서 세 번째였다. 살면서 한 번도 그런 성적을 받아 본 적이 없었기 때문에 나는 충격에 빠졌다. 아버지께서 계속해서 성적을 물어봤지만 말하지 않았고, 우리 둘은 전화 통화를 할 때마다 싸웠다. 친구들에게도 부끄러워서 말하지 못했기 때문에 나는 이 문제를 속으로만 앓았다. 중학교 때보다 친구가 훨씬 많았지만 오히려 더 외로워진 느낌이었다.

시간이 지나고 점차 고등학교 생활에 적응하자 중학교 때 내가 아버지께 너무 의존했음을 깨달았다. 내 주변 친구들은 고민이 많았고, 우리는 각자의 고민을 들어 주며 서로의 부담감을 덜어 주었다. 하지만 나는 고민이 없는 것이 고민이었다. 내가 나중에 무엇을 하고 싶은지 나 자신조차 몰랐다. 중학교 때에는 과학자가 되는 것이 꿈이었는데 그 꿈조차 아버지가 정해 준 것이었다. 한참 뒤에 안 사실이지만, 아버지는 어렸을 때 과학자가 되고 싶었는데 집안 사정 등 현실적인 요건 때문에 꿈을 포기해야만 했다.

그제야 나는 왜 아버지가 그렇게까지 내게 집착했는지, 돈에 혈안이 되었는지 알 수 있었다. 아버지는 나를 자신의 분신으로 생각하셨던 것이다. 아버지가 어렸을 적에 하고 싶었지만 할 수 없었던 것들을 내가 행함으로써 대리 만족을 느끼고, 내가 그 인형의 탈에서 벗어나려 할 때마다 불같이 화를 내셨던 것이었다. 나는 예쁜 꼭두각시였다. 나는 내가 하고 싶은 대로 행동할 수 없었다. 더 나아가 환경에 완벽히 적응해 내가 뭘 하고 싶은지도 알 수 없는, 의지를 잃어버린 아이였다.

자연히 나의 성적은 떨어졌다. 나는 아버지의 의지대로 움직이는 사람이었기 때문에 아버지가 내게서 손을 뗀 이상 공부에 집중이 되지 않는 게 당연했다. 옆자리의 친구가 공부를 열심히 하는 모습에 찔려서 공부를 할 때만이 내 유일한 공부 시간이었다. 기말고사가 끝나고 성적표를 받으면서 중학교 때의 기억이 되살아났다. 좋든 싫든 아버지께 꾸중을 들을 것이 분명했다. 이번에는 시험 범위를 정확히 알았지만, 성적이 좋지 않았다. 왜 나는 공부를 못할까, 왜 나는 중학교 때보다 오히려 공부를 더 안 할까라는 의문이 들었다. 아버지는 학교를 자퇴하고 전학을 가자고 말씀하셨다. 아버지는 내가 당신의 눈 밖에서 예측과 맞지 않는 결과를 만드는 것이 두려웠던 것이다.

나는 방학 때도 학교에 남았다. 부모님께는 공부를 위해 남는다고 말했지만 더 중요한 이유는 따로 있었다. 이유 없이 억지로 공부하는 나와는 달리, 정말로 자신이 원하는 것을 위해 공부하는 학우들과 방학 동안 같이 생활하면서 능동적인 태도를 배워야겠다고 느꼈다. 수업이 없는 오후 시간에는 다 같이 모여서 축구를 하고, 저녁에는 공부를 하거나 영화를 보는 등 휴식을 취했다.

늦은 밤에는 좁은 기숙사 방에 모여서 수다를 떨었는데, 가끔 감성적인 날이면 남들에게는 잘 꺼내지 않는 얘기들이 오갔다. 나와 친했던 친구들 중에는 또래보다 어른스러운 친구들도 있었고, 나와는 달리 부유하지 않은 환경에서 자란 친구들도 있었다. 그들은 치열한 삶을 살고 있었다. 나와는 삶의 무게가 달랐다. 내가 남의 인생을 살듯 살고 있다면, 그들은 자기 자신만의 인생을 살고 있었다. 그렇기 때문에 더 삶과 시간을 소중하게 여겼다. 이 시기에 나의 인생과 아버지에 대한 생각이 크게 바뀌었다.

2학년 겨울방학 때, 나와 아버지는 바다에 놀러 갔다. 어느 바다였는지는 기억이 잘 나지 않는다. 아마 서해였던 것 같다. 어머니와 동생은 각자 일이 있어서 같이 가지 못했다. 아버지와 단둘이 차에서 몇 시간 동안 같이 있었다. 갑자기 초등학생 시절이 생각났다. 그때는 아버지와 같이 놀이공원에 자주 갔었다. 한 달에 두어 번 정도는 갔던 것 같다. 그때는 아버지가 출근하실 때마다 울었는데 지금은 같이 있는 일분일초가 싫다니, 이래서는 안 된다고 생각했다.

나는 그날 아버지와 깊은 대화를 나누었다. 태어나서 가장 많은 시간을 함께 보낸 사람이 아버지인데도 사춘기 이후로 한 번도 이런 대화를 나눈 적이 없다는 것이 이상했다. 우리는 나의 여자 친구 이야기부터 아버지가 어머니를 만나기 전의 연애 이야기, 학창 시절 있었던 사건, 과학자의 꿈을 포기한 계기, 할아버지와 아버지의 관계 등에 대한 이야기를 나눴다. 나는 내 생각과 꿈을 아버지가 존중해 줬으면 좋겠다고 최선을 다해 표현했다. 아버지는 내가 이렇게 성장한 줄 몰랐다며 놀라워 하셨다. 아버지는 내가 아무 생각이 없는 것 같아 자신이 어쩔 수 없이 간섭을 했다고 하셨다.

그 이후로 아버지는 항상 나를 믿어 주셨고, 나는 그 믿음에 보답하기 위해 노력했다. 대학을 선택할 때도 아버지는 나의 선택을 존중해 주셨다. 아버지가 한순간에 이렇게 바뀐 데에는 이유가 있었다. 아버지와 나의 관계는 할아버지와 아버지의 관계와 꼭 닮은 꼴이었다. 할아버지는 아버지의 덕으로 가난을 해결하려고 하셨고 항상 자식에 대한 통제권을 갖고 싶어 하셨다.

아버지는 이러한 할아버지를 끔찍이 싫어하셨고 평생 동안 할아버지처럼 되지 않으려고 노력했다. 그런데 정작 자신이 할아버지처럼 자식을 대한다는 사실을 알아차리신 것이다. 할아버지가 아버지를 통해 금전적 성공을 꾀하셨듯이, 아버지도 나를 통해 대리 만족을 하려는 것이었다.

내가 대학생이 된 지금도 아버지는 나에게 가끔씩 전화를 하신다. 예전에는 이거 해라, 저거 해라 하는 명령조였다면, 요즘은 나의 근황에 대해 많이 물어보신다. 가끔은 나의 연애 이야기를 통해 대리 만족을 하려고 하시지만. 이제는 내가 아버지에게 명령(?)이나 부탁을 많이 한다. 주로 건강에 대한 내용이다. 나와 아버지의 관계는 다시 초등학교 때로 돌아갔다. 아버지는 여전히 멋있고, 재밌고, 여유가 있으며 나의 친구들은 이런 아버지와 나를 부러워한다.

중학교 때의 나는 캥거루였던 것 같다. 부모의 품에서 빠져나오지 못한 채 커 버린 캥거루 말이다. 세상의 모든 동물들은 어느 시점에서는 부모로부터 독립을 한다. 나는 그 시점을 잘못 잡아서 방황을 했지만 운 좋게 극복했다. 이제는 세상의 어떤 어려움이 닥쳐와도 그것을 극복할 수 있다는 믿음이 있다. 나에게는 뚜렷한 목표와 실행력이 있고, 이런 나를 뒤에서 묵묵히 지원해 주시는 부모님이 계시기 때문이다.

북미에서의 각성

항공우주공학과 13 양민영

두근두근 외국에서 홀로서기의 첫발을 내딛다

2015년 8월, 내 몸집만 한 여행 가방을 끌고 공항의 탑승장으로 향하는 자동 출입문 앞에서 부모님과 애틋한 작별 인사를 나누었다. 여권과 비행기 표 검사를 마치고 자동 출입문을 지나기 전에 다시 한 번 뒤를 돌아 부모님을 보았다. 부모님은 걱정하는 눈길을 보내셨지만, 나는 지금까지 그래 왔듯이 외국에서도 멋진 삶을 살 수 있다고 자신하며 문을 지났다.

나는 토론토 대학교(University of Toronto)에 2015년 가을 학기 교환학생으로 가기 위해 발걸음을 옮겼다. 그동안 일본, 대만, 중국 같은 아시아 나라로 일주일 남짓 짧게 여행을 가 본 적은 있었지만, 비행시간만 무려 9시간이 넘는 먼 북미 땅에서 홀로 5개월 동안 살아야 하는 것은 처음이었다.

처음에는 두려움보다 북미 땅을 밟아 본다는 기대감과 외국 생활에 도전한다는 설렘으로 즐거웠다. 그러나 현실은 예상과 달랐고, 외국 생활에 대한 환상은 처참히 무너졌다. 한국에서의 순탄했던 삶과는 달리, 그곳에서의 삶은 고난과 두려움, 불안감의 연속이었다. 이러한 좌절 끝에 내가 그동안 몰랐던 소중한 것 하나를 깨달았다. 지금부터 나의 파란만장 교환학생 이야기를 통해 그것에 대해 되새겨 보고자 한다.

부모님과 헤어진 후, 나는 혼자서 비행기에 올랐고 9시간이라는 긴 비행을 거쳐 미국 LA 땅에 떨어졌다. 캐나다 토론토에서의 학기가 시작되기 전에 오랫동안 꿈꿔 왔던 미국 서부 여행을 하기 위해서였다.

공항 밖으로 나왔을 때는 저녁 8시로, 해가 길고 날씨 좋은 캘리포니아라고 할지라도 어둑하고 쌀쌀해지기 시작한 즈음이었다. 수많은 버스와 택시들이 빵빵거리며 공항 앞을 지나갔다. 이 혼잡한 곳에서 나는 예약해 두었던 공항버스 정류장을 찾아갔다. 덩치가 큰 흑인이 내 예약 표를 확인하고는 짐을 실어 주더니 나에게 타라고 손짓했다. 소형 밴 안에는 일본인 가족 4명, 유럽 인처럼 보이는 커플 그리고 배낭여행을 하는 듯 보이는 서양 젊은이들이 여럿 있었다. 일본인 가족과 커플이 떠드는 동안, 혼자 탄 사람들은 아무 말도 하지 않고 창밖만 바라보고 있었다.

어느새 10시가 넘었고 아주 깜깜해졌을 무렵 호스텔에 도착했다. 호스텔 문을 열고 들어가자마자 시끄러운 음악 소리, 담배 냄새, 핫도그 냄새 등이 나를 움츠러들게 했다. 6인실 안의 이층 침대와 매우 얇고 지저분한 침대 시트가 영 불편했지만, 오랜 비행과 쭉 지속되었던 긴장 때문인지 나는 금세 잠이 들었다.

무너진 서양인과의 여행 환상

미국에 있는 3주간 나는 '트랙 아메리카'라는 다국적 여행 프로그램에 참여하기로 했다. 이것은 세계의 젊은이 12명이 한 그룹을 이루어 투어 리더의 지휘 아래 캠핑을 하며 미국을 여행하는 프로그램이다. 미국 서부 땅에서 캠핑이라니, 그것도 외국인들과 함께. 이 프로그램은 '외국인들과 부딪치며 살아 보기'라는 나의 도전 목표에 딱 맞았다.

우리는 LA에 있는 한 호텔에서 투어 리더와 만났다. 내가 속한 그룹에는 스코틀랜드 출신 5명, 독일에서 함께 온 여자 친구들 3명, 또 영국과 독일 출신 2명 그리고 일본에서 혼자 온 남자 한 명이 있었다. 우리는 어색하게 자기소개를 하며 첫인사를 나누었고, 소형 밴에 올라타 일정을 시작했다. 일본 남자아이는 우리가 흔히 생각하는 일본인의 이미지처럼 아주 조용히 있었다. 그러나 나머지 친구들은 정말 활발하게 떠들었다. 또한 그 친구들은 서양인이 아시아 이름을 부를 때 나오는 특유의 어투로 "미-이-인-여-영" 하며 나를 불렀다. 나는 쑥스러웠지만, 외국인들과 함께하는 첫 여행이 기대되었고, 나 역시 한국 이야기를 해 주며 그들과 친해지려고 했다.

이윽고 우리는 샌디에이고의 한 야영장에 도착했다. 넓은 해변이 있는 곳이었다. 도착하자마자 캠핑에 대한 안내를 받았는데, 우선 3주간 누구와 캠프를 공유할지를 정했다. 모두 둘씩 짝을 지었지만, 셋이서 함께 온 독일 여자 아이들은 셋이 함께 쓰기를 원했고, 그래서 나는 혼자 캠프를 쓰게 되었다. 나는 누군가와 캠프를 같이 써서 그와 친해지면 좋았겠지만, 공간을 넓게 쓰는 것도 나쁘지 않다고 생각했다.

뒤이어 투어 리더는 캠프 설치법을 알려 주었다. 그런데 큰 캠프를 혼자서 설치하기란 쉽지 않았다. 적어도 2명이 양쪽에서 캠프를 잡아당기며 설치해야 했다. 그렇지만 다른 사람들은 각자 자신들의 캠프를 설치하느라 바빴고, 나는 혼자서 낑낑대야 했다. 결국 나는 투어 리더의 도움을 받아 겨우 캠프를 완성했다.

저녁 식사 후에는 깜깜해진 야영장에서 램프를 켜 놓고 카드 게임을 했다. 한 스코틀랜드 친구가 카드 게임의 규칙을 설명해 주었다. 그런데 그들이 말하는 영어는 내가 여태까지 알던 영어가 아니었다. 영어를 모국어 또는 제2 공용어로 사용하는 그들은 너무 빠르게 말했다. 특히 대부분의 친구가 스코틀랜드 출신이었기 때문에, 특유의 강한 스코틀랜드 억양은 더욱 어려웠다.

의사소통의 어려움은 이후 3주 동안 내가 그들과 어울리는 데 소극적이 되도록 만들었다. 그들은 서로 다른 나라에서 왔더라도 영어로 자유롭게 소통할 수 있으니 금세 친해졌다. 하지만 나는 그들과 함께 있어도 무슨 말을 하는지 알 수 없으니 웃을 수도, 공감할 수도 없었다. 이것은 일본인 남자아이도 마찬가지인 듯했다. 그는 영어를 거의 하지 못하는 듯했고, 항상 그들 옆에서 가만히 "땡큐.(Thank you.)" 혹은 "쏘리.(Sorry.)"만 말하며 그들을 졸졸 따라다녔다.

난 시간이 지날수록 그들과 함께 있는 게 불편했다. 그들은 미국을 여행하는 것보다는 밤에 야영장에 돌아와서 맥주를 마시며 게임을 하는 것을 더 즐거워하는 듯했다. 나는 미국 여행을 하고 싶었고, 새로운 세상을 경험하고 공부하고 싶었다. 그들과 어울리지 못해 눈치 보면서 귀한 시간을 낭비하고 싶지 않았다.

그래서 나는 3주간의 여행 동안 이동은 함께하되, 어떤 도시에 도착해서 자유 시간이 주어지면 그 시간만큼은 혼자 여행을 즐기기로 했다. 여행 책자 하나만 들고 스마트폰에 의지해서 혼자 하는 여행은 약간의 긴장감과 함께 더 멋진 광경을 선사해 주었다. 오히려 혼자 여행하다 보니 직접 사람들과 부딪쳐야 했고, 그 과정에서 좋은 추억을 많이 쌓았다. 그러나 마음 한쪽에는 아쉬움이 자리 잡았던 것도 사실이다. 눈앞에 대자연이 펼쳐진 캘리포니아 땅에 캠프를 치고 누워, 깜깜한 밤하늘의 쏟아지는 별을 보면서 나는 함께할 수 있는 친구가 있으면 얼마나 좋을까 생각했다.

토론토 집 구하기 대작전

그렇게 몸과 마음이 지친 채로, 미국 여행을 마치고 토론토로 가는 비행기에 올랐다. 지난 3주간의 여행 동안 한국인이 그리웠던지 외국인들로 가득한 비행기 안에서 왠지 울컥했다.

토론토 대학교는 교환학생들에게 기숙사를 제공하지 않는다. 그래서 인터넷을 통해 미리 집을 구해야 했다. 나는 외국인 가족과 함께 살아 보자는 도전 의식으로 홈스테이(Homestay)를 하기로 했다. 폴란드 이민자 가족의 집이었는데, 주인아주머니와 10대 아들 단둘이 사는 작은 집이었다. 아주머니는 밤늦게 도착한 나에게 먹을 것을 주시며 이것저것 물어보았다. 오랜 시간 외로웠던 탓일까? 나는 원래 아주머니와 아는 사이였던 것처럼 재잘재잘 떠들어 댔다. 토론토에서의 시작이 좋은 듯했다.

하지만 다음 날부터 문제가 생겼다. 아침 일찍 일어나 한국에 있는 가족들에게 연락을 하려고 인터넷에 접속했는데, 와이파이가 잘 연결되지 않는 것이었다. 5분에 한 번씩 연결이 끊어졌고, 정상적으로 인터넷 검색을 하거나 메신저를 이용하는 것이 불가능했다. 처음에는 내가 IT 강국 한국에서 살다 와서 불편함을 느끼는 것으로 생각했다. 그러나 학교에 갔을 때, 나는 캐나다의 와이파이가 한국만큼 빠르다는 것을 알았다. 그리고 홈스테이를 하는 집의 와이파이가 잘못되었다는 것도 깨달았다. 인터넷이 되지 않으니 아무것도 할 수 없었다. 그래서 매일 무거운 노트북과 충전기를 들고 지하철로 한 시간씩 걸리는 학교까지 왔다 갔다 해야 했다.

그 집의 문제는 와이파이뿐만이 아니었다. 2층에 나만 따로 쓰는 화장실이 있었는데 항상 샤워기의 물이 졸졸거리다가 멈추어 버렸다. 아주머니에게 와이파이와 샤워기를 여러 번 고쳐 달라고 말했지만, 바쁘다는 핑계로 고쳐 주지 않았다. 샤워를 할 수 없으니 항상 학교 체육관 샤워장에 가곤 했다. 한 달에 집값만 800불을 내면서 이대로 머무는 것은 낭비라는 생각이 들었다. 그래서 집을 새로 구하기로 했다.

토론토에서 집을 알아보려면 한인 카페를 이용하거나, 토론토 대학교 학생 페이스북 그룹 또는 한인 부동산을 통해야 했다. 그 당시 나는 한국에서 가져간 휴대전화가 고장이 나는 바람에 집주인과 연락하려면 친구의 휴대전화를 통해 연락해야 했다. 나는 아침 일찍 노트북을 들고 학교 도서관에 가서 게시글을 검색한 다음, 기재된 연락처로 친구를 통해 문자를 보내는 식으로 집주인들과 연락했다.

그러나 집을 구하기란 쉽지 않았다. 대부분의 집이 최소 4개월 이상 계약하기를 원했는데, 그때는 이미 9월이었고 나는 12월 중순에 귀국할 예정이었다. 수업이 끝나자마자 계약이 가능한 집을 보러 다니다가 밤 9시쯤 묵고 있던 집으로 돌아와 쓰러져 잠이 들었다. 한 달 내내 집을 보러 다녔지만, 괜찮은 집이 없었다. 나는 당시 머무던 집 아주머니에게 나갈 날짜를 통보한 상태였고 하루빨리 집을 구해야 했다. 그러나 시간이 지날수록 내가 토론토에 머무를 수 있는 기간이 짧아지면서 집을 구하기가 더욱 어려워졌다.

'의식주' 중에 '주'가 해결되지 않자 엄청난 불안감에 휩싸였다. 지금까지 내가 22년간 살면서 느껴 온 학업이나 여타의 것들에 대한 걱정은 모두 사치스럽게 느껴졌다. 내 머릿속에는 온통 집 생각뿐이었다. 하루

토론토 대학교에서 교환학생으로 있는 동안 나는 지금까지의 내 삶이 무수히 많은 사람들의 도움 덕에 존재할 수 있었음을 깨달았다.

빨리 이 불안감에서 벗어나길 원했고, 안정감을 느끼고 싶었다. 또한, 나는 엄청난 좌절감에 시달렸다. 나 자신이 너무나 나약하고 아무것도 할 줄 모르는 아이처럼 느껴졌다.

그때까지는 학교라는 울타리 안에서 공부밖에 할 줄 몰랐고, 그거면 다 되는 줄 알았다. 그동안 내가 누려 왔던 모든 것은 내가 이만큼 노력해서 스스로 얻어 낸 것이라고 생각했다. 그러나 그것들은 절대 내가 이루어 낸 것들이 아니었다. 크진 않더라도 따뜻한 우리 집 그리고 집에 들어서면 날 반겨 주는 가족들, 답답하다고만 생각했던 고등학교와 대학교의 기숙사 방, 대전에 있다고 불평했던 카이스트는 나에게 아무 걱정 없이 공부와 연구 그리고 내 꿈에 집중할 수 있도록 해 주었다. 이것은 결코 내가 당연히 누려야만 하는 것들이 아니었다. 너무나 감사하고 분에 겨운 것이었으며, 내가 이것들을 누릴 수 있도록 부모님, 교수님, 교직원을 비롯한 많은 분들이 힘써 주시고 계셨음을 절실히 깨달았다. 그리고 어느 누군가는 가난을 비롯한 외적인 환경으로 인해, 꿈과 목표를 이루는 데 좌절하고 있다는 것을 알았다. 나는 그동안의 내 삶을 돌아보며 반성했다.

한편 다행히도 나는 한 한국인 하숙집에 들어가게 되었다. 그곳의 아주머니와 아저씨는 나를 딸처럼 대해 주셨고, 같이 하숙하던 언니 오빠들과 재밌게 지내며 추억을 쌓았다. 그들과 함께 나는 안정적이고 즐거운 토론토 생활을 할 수 있었다.

인생의 진짜 소중한 것에 대한 깨달음

지난 다섯 달간의 해외 경험에서 깨달은 바는 앞에서도 이야기했듯이, 나는 절대 나 혼자 힘으로 여기까지 올 수 있었던 게 아니라는 것이다. 그동안 날 아껴 주는 사람들이 내 옆에 있었고 그래서 그들의 도움으로 나는 내 꿈을 향해 달려갈 수 있었다. 외로웠던 미국 여행을 하면서도, 캐나다에서 집을 구하느라 불안한 시간을 보내면서도 내가 버틸 수 있었던 것은 소중한 인연들 덕분이었다.

미국 여행을 계획할 당시, 인터넷 카페에서 알게 된 토론토 대학교에 다니는 한 선배 언니가 먼저 연락하셔서 학교생활에 대한 조언을 해 주셨다. 사실 그 언니와는 한 번도 만난 적이 없었는데도 말이다. 그리고 부모님 지인의 동생이라는, 캐나다로 이민 간 한 선생님은 한국 음식에 굶주려 있던 나와 내 친구들을 집으로 초대해 떡볶이와 닭볶음탕을 해 주시고 반찬을 싸 주셨다. 캐나다에서 오랜 유학 생활을 하신 선생님께서는 유학생이 느끼는 어려움을 공감해 주셨고, 토론토에서 내게 문제가 생길 때마다 도와주려고 하셨다. 그리고 나를 대신해 집주인에게 여러 번 문자 메시지를 보내고, 함께 집을 보러 가 준 교환학생 친구들이 있었다. 그 친구들이 같이 걱정해 주고 끝까지 함께해 주었기에 교환학생 생활을 즐거운 추억으로 남길 수 있었다. 뒤늦게 하숙집에 들어갔지만, 함께 장도 보고 요리도 하고 정말 가족 같았던 하숙집 식구들도 잊을 수 없다. 또 퀘벡으로 혼자 여행을 갔을 때, 추울까 봐 기념품점에서 옷도 사 주시고 밥도 사 주시며 같이 여행한 한국인 언니와 아주머니도 기억에 남는다.

어쩌면 무시하고 지나쳐도 아무 상관없었을 인연들인데, 모두 나를 소중히 여겨 주시고 보살펴 주신 분들이다. 이들의 도움이 없었다면, 나의 첫 해외 생활은 끔찍하고 무서운 기억으로 남았을 것이다. 또한 나 자신을 실패자라고 여긴 채 한국으로 돌아갔을지도 모른다. 아무도 내 말을 들어 주지 않고 나를 도와주지 않았던 것을 탓하며, 역시 인생은 혼자 사는 것이라 생각했을지도 모르겠다. 특히 미국 여행에서 만났던 투어 그룹에 속한 외국인들에게 내가 먼저 벽을 쌓고 그들과 가까이하지 않았다는 것을 알지 못하고, 그들이 나에게 다가와 주지 않았다고 착각한 채 돌아왔을 것이다.

나는 마침내 졸업을 앞두고 있다. 학생으로 사는 삶이 끝나 가고 있다. 앞으로 내가 도전하는 동안 겪을 좌절과 고통은 학교라는 틀 안에서 겪어 왔던 것과는 차원이 다를 것이다. 새로운 어려움에 직면할 때마다, 나는 분명히 또다시 두렵고 불안할 것이다. 어려움을 어떻게 해결해야 할지 몰라 방황할 것이다. 삶에서 내가 맞닥뜨리는 난관들은 공부해서 시험을 보듯 답이 정해져 있는 것이 아니기 때문이다. 이제 나는 어려운 상황이 닥쳤을 때, 혼자라는 두려움에 사로잡혀 뒷걸음질을 치고 남을 탓하며 세상을 비난하지 않으려고 한다. 나는 소중하고 행복한 사람이며, 또 이 세상에는 나를 사랑해 주는 고마운 사람들이 많음을 기억할 것이다. 소중한 인연들이 내게 보내 준 따뜻한 정과 응원을 마음속에 새기며 용기를 가지고 꿈을 향해 정진하고 도전하려고 한다.

빨래

생명화학공학과 13 이종언

오늘은 해가 반짝 뜬 날

빨래를 해야겠다. 오늘은 해가 그 어느 때보다도 높게 뜬 날이다.

오늘과는 많이 다르게 작년 이맘때 그날은 비가 참 많이 왔다. 화사하게 빛나던 벚꽃이 질 때를 하늘이 알아차리기라도 한 듯 억수같이 쏟아지는 비는 위태롭게 나뭇가지를 붙잡고 있던 꽃잎들마저도 떨어뜨리고 말았다. 그리고 할아버지의 부고가 전해져 왔다.

졸업식 이후 처음 꺼내 입은 양복이 너무도 어색했다. 아니, 옷이 어색하다기보다는 내가 이 옷을 입고 가야 하는 장소 그 자체가 이상했던 걸까? 아버지 옆에 우두커니 서서 이름도, 얼굴도 모르는 어른들과 맞절을 하는 게 어색했던 걸까? 어찌 됐든 그날은 정말 우중충한 날이었다.

병원으로 가는 택시 안에서 나는 수많은 생각에 잠겨 본다. 작년의 그 일도 이 파노라마처럼 흐르는 생각의 조각 중 하나이다. 과연 내가 병상에 누운 그 아이, 나의 과외 학생에게 가장 먼저 꺼내야 할 말은 무엇일까?

구름이 잔뜩 낀 나날들

카이스트를 조금만 벗어나면 대전에는 생각보다 시골 동네가 많다. 내가 그 아이를 만난 곳도, 눈이 조금이라도 쌓이면 자동차는 못 다닐 것 같이 가파른 비탈길을 택시를 타고 30여 분이나 달려야 도착하는 그런 동네였다. 어쩌다가 소개받은 그 아이의 하나뿐인 과외 선생이 바로 내가 된 것이다. 내가 과외비를 적게 받는 것을 학생 어머니가 아신 건지, 그런 사실을 아는 친구 녀석이 일부러 소개를 해 준 것인지는 몰라도, 내가 그런 시골 동네에서의 과외를 결심하게 된 계기는 참 단순했다.

처음 만난 날 학생 어머니의 자상한 미소 그리고 잊히지 않는 그 아이의 똘망똘망한 눈이 바로 그 이유였다. 그리하여 과외를 시작한 지도 1년이 다 되어 간다. 원래 나는 수학 선생으로 시작했지만 그 아이에겐 단 하나뿐인 공부의 줄이자 통로였기에 이젠 전 과목 강사가 되었다. 그 아이는 나의 특별한 제자였다.

지금 2주 만에 그 아이를 보러 간다. 내 앞에서는 항상 웃던 그 아이가 쓰러져 중환자실에 들어간 지 딱 2주 만이다. 이제는 일반 병실로 옮겨 나에게도 면회의 기회가 주어진 것이다.

수업 때마다 나는 항상 그 아이에게 강조해 왔다. 열심히 하고, 또 열심히 하라고, 그리고 그 결과는 배신하지 않을 것이라고. 그래서일까? 아니면 그저 나 혼자만의 생각일까? 2주 전 그날 밤 그 아이는 학업에 대한 스트레스를 이기지 못하고 수면제를 엄청 먹었다고 한다. 이제 곧 있을 고등학교 면접이 두려워서 피하고 싶었던 걸까?

어떤 말을 해 줘야 할지 고민하고 있지만 사실 과외 선생이라는 작자도 근래에 겪은 일들로 환자 꼴이나 다름없기에 머릿속이 더 복잡해진다.

나는 불과 한 달 전만 해도 이 세상 모든 게 불만인 사람이었다. 곧 새 학기가 시작되고, 곧 졸업을 해야 하는 대학교 4학년이라는 생각에 쳇바퀴 도는 다람쥐보다 100배는 더 빠르게 발만 동동 구르던 사람이었다. 과연 학부 생활을 하는 동안 이룬 게 무엇인지, 눈을 부릅뜨고 찾아봐도 부족한 부분만 눈에 띄었다. 그리고 부족한 성적과 스펙만이 빼꼼히 얼굴을 들이밀었다. 그래서일까, 부쩍 여자 친구와도 다투는 일이 잦아졌다. 싸움의 레퍼토리는 항상 비슷했는데 이를테면 이런 식이었다.

"자기야, 우리 오늘 저녁에 맛있는 거 먹으러 가자."

"오빠 미안…… 오늘은 공부 좀 해야 해……. 어제도 밖에서 먹었으니까 오늘은 학식 어때?"

"밥 한번 먹고 오는 게 힘들어? 너만 힘들어?"

"아니, 그게 아니고……."

나는 착하디착한 여자 친구를 낭떠러지로 내몰았고, 2주 전 과외가 취소되었다는 소식과 함께 여자 친구로부터 이별 통보를 받고 말았다.

과외 학생을 지켜 주지 못했을 뿐만 아니라 나 자신도 가누지 못하는 낙동강 오리알, 그냥 길바닥의 똥덩어리가 되어 버렸다. 그리고 일주일 동안 매일 저녁 술만 퍼마셨다. 딱 일주일 전까지 나는 병상에 누운 그 아이에게 부끄러워서 얼굴도 못 비출 만큼 한심한 선생이었다. 그럴 때면 내가 처한 모든 상황이 싫기만 했다.

대학교에 들어오면서부터 집안 사정이 안 좋아져서 나는 용돈이라고는 받아 보지 못했다. 4학년이 된 지금은 거의 과외에 도가 틀 지경이다. 그간 이런저런 아이들을 만나 보았고, 이런저런 아르바이트도 해 보았다. 정말 몸과 정신이 힘들 때 돌파구가 되어 준 것은 꼭 해내야 한다는 '강박'이었다. 그리고 험난한 장애물들을 실제로 돌파해 냈던 3년이었다. 하지만 지난 한 달간은 그렇지 못했다. 내게 어떻게 살아야 하는지 생각을 불어넣어 준 애제자가 스스로 세상을 떠나려 했고, 그런 와중에 선생이라는 작자는 스스로의 강박을 이기지 못해 자기 자신을 목 죄고 있었다.

구름은 바람에 쓸려 간다

목에 단단히도 묶인 사슬을 물 흐르듯 풀어 버린 건 생각지도 못한 곳에서, 생각지도 못한 사람으로 인해서였다. 나는 그 전날도 술을 진탕 마시고 그야말로 술에 절은 몸을 이끌고 성공한 기업가의 세미나에 참가했다. 친구의 이끌림에 설득당해 들었던 세미나는 한 시간여 동안 진행되었다. 한마디로 표현하자면, 그 강의는 정말 지루했다. 성공한 사람들이 자신의 일대기를 들려주는 그저 그런 강의 같았다. 한 학생의 질문에 대한 답변이 있기 전까지는!

강의의 막바지 질문 시간에 한 석사생이 손을 들었다.

"저는 이제 갓 석사 신입생으로 연구를 시작한 ○○○입니다. 저는 지금 두렵습니다. 제가 해야 하는 이 첫 연구 주제가 과연 올바른 방향일지, 이 주제로 과연 제가 6년 혹은 그 이상이라는 긴 시간을 탐구할 만한 가치가 있는지, 혹은 아무짝에도 쓸모없는 연구는 아닐지, 주제를 정하는 데 막막하고 두렵습니다. 어떡해야 성공할 수 있을까요?"

세미나 내내 일정한 톤으로 이야기하던 연사님의 억양이 처음으로 높아졌다. 그리고 처음이자 마지막으로 꾸짖는 것 같은 톤으로 석사생의 질문에 대답했다.

"왜 두려워합니까? 왜 실패하면 안 됩니까? 실패하세요. 여러 번 해도 좋아요. 실패를 두려워하지 말아요."

연사님은 굳이 이유를 설명해 주시지 않았다. 하지만 장내에 있던 학생들과 교수님들 그리고 특히 무감각하게 세미나를 듣고 있던 나에게 그 말은 마치 망치가 내 머리를 세게 때린 것처럼 강한 충격으로 다가왔다.

사실이 그랬다. 지금껏 나는 그렇게 살아왔다. 초등학생 때 달리기 시합에서 3등 안에 들어 손등에 도장 하나 받기 위해 수도 없이 넘어졌다. 중학생 때는 그게 무슨 대수라고 반장을 한번 해 보고 싶어서 매 학기 선거에 출마해 장렬히 낙방했다. 고등학교에 들어가서는 반 대표로 축구 주전 11명에 뽑히기 위해 수없이 운동장을 뛰고, 많은 헛슈팅을 날렸다. 고3이 되어서는 매달 보는 모의고사에서 수도 없는 비교를 당했고 낙담을 했다. 하지만 지금의 나는 지금 저 병실에 누워 있는 아이의 롤모델일지도 모르고 수많은 어른들에게, 친구들에게 멋있는 사람이다. 그런 수많은 실패들 속에서도 결국 나는 병상에 누운 그 아이에겐 어쩌면 명문대에 다니는 우상일지도 모르는 선생이 되어 있다.

〈언리미티드〉라는 영화에서 본 장면이 뇌리를 스쳤다. 그 영화의 주인공처럼 내 머릿속에서 갑자기 모든 세포들이 하나가 되고, 시냅스들은 서로 정보를 주고받고, 마치 하나의 활발히 움직이는 놀이공원이 된 것처럼 내 머릿속은 흥분해 날뛰기 시작했다. 오랜만에 느껴 보는 청량한 느낌이었다.

세미나가 끝나고 내 눈앞에 펼쳐진 광경은 그야말로 장관이었다. 왠지 모르게 오리 연못의 오리는 생동감이 넘쳤고, 고양이들은 너무나 귀여웠다. 목련 마당의 목련은 그 어느 때보다 하얗게 피어났고 캠퍼스를 거니는 학생들, 구성원들의 표정에는 미소가 번져 있는 듯 보였다. 그리고 한 주간 정말 다른 삶을 살았다. 나를 되찾은 듯했다. 실패를 두려워하지 않기로 마음먹고 나니 정말로 두려운 것은 내 자신뿐임을 깨달았다.

그리고 어젯밤에 여자 친구에게서 전화가 왔다. 만나자는 전화였다. 2주 만에 만난 여자 친구의 따뜻한 품에 안기고 또 그녀를 꽉 안아 주었다. 그리고 이마에 가벼운 키스를 해 주면서 나의 미안함을 전했다. 나는 실패하지 않았다. 나의 특별했던 과외 학생에게는, 그 착한 아이에게는 이런 일련의 과정을 말하지 않으리라. 나는 택시를 타는 순간 그렇게 결심했다.

어느 하늘에나 구름이 끼고 또 지나간다

나 역시 아직 부족한 사람이다. 아직 누군가의 선생이 되기에는 모자란 점이 많다. 나의 선생님들, 은사님들에 비해 절반도 채 살지 못한, 경험이 적은 학생일 뿐이다. 택시가 언덕을 하나 더 지난다. 저 앞 횡단보도에 키 큰 어른과 교복을 입고 머쓱하게 서 있는 한 학생이 보인다. 문득 아버지가 말씀해 주신, 당신 최고의 은사님 이야기가 떠오른다.

아버지는 시골 중에서도 시골구석에 있는 중학교를 졸업하셨다. 그 속에서는 곧잘 해내는 모범생이셔서 턱걸이로 부산의 명문 고등학교인 마산 고등학교에 합격하셨다. 아버지의 중학교 3학년 담임선생님께서는 졸업 후 고등학교에 입학하기 전 아버지가 찾아뵈었을 때 말없이 아버지를 데리고 학교 근처 중국집에서 자장면을 사 먹이셨다고 한다. 그러고는 약국에 가셔서 까만 비닐봉지에 레모나 한 박스와 박카스 한 박스를 담아 아무 말 없이 아버지에게 주셨다고 한다. 아버지는 돌아가는 버스 안에서 왠지 모를 눈물을 흘리셨다고 한다.

말씀은 안 하셔도 아버지는 평생 동안 은사님을 잊지 못하리라. 그리고 상상할 수 없는 가르침을 받으셨으리라. 과외 학생의 책상 옆에만 앉으면 주저리주저리 입을 다물지 못하는 나와는 비교도 할 수 없을 만큼 훌륭한 선생님이셨으리라.

얼마 전 드라마 〈응답하라 1988〉에서도 고시원에 딸을 보내는 아버지가 딸의 손에 상비약들이 든 까만 봉지를 쥐어 주는 장면이 나왔다. 아버지는 아무 말 없이 딸을 보내 주었고, 딸은 아버지를 보내고서 눈물을 흘렸다. 까만 봉지 안에 든 그것이 진심일 것이다. 아버지는 딸이 실패해도 되지만 실패하기를 바라지는 않는다. 하지만 아버지라는 높은 하늘은, 인생 선배는, 실패하지 않는 삶이란 없음을 누구보다 잘 안다. 그렇기에 실패를 딛고 일어설 수 있는 방법을 일러 준다. 실패를 겪더라도 그 상처에 덜 아파하기를 간절히 기도한다. 아버지의 선생님도 마찬가지였을 것이다. 그래서 아버지의 앞날에 여러 장애물들이 있을 것임을 누구보다 잘 아셨겠지만 열심히 해라, 꼭 이겨 내야 한다, 넘어지면 안 돼, 하는 말보다는 혹시라도 지쳐 쓰러졌을 때 다시 일어설 수 있는 힘을 주셨다.

생각이 이쯤 다다랐을 때 택시는 병원 앞 사거리에서 막 신호를 받는 중이었다. 나는 재빨리 택시 아저씨께 횡단보도에서 그냥 내려 달라고 부탁했다. 아버지가 나를 고등학교에 보내며 당신이 고등학생 때 지니고 부르며 시련을 이겨 냈던 가곡집을 내게 주셨듯이, 아버지의 은사님이 레모나와 박카스를 손에 쥐어 보내셨듯이, 나도 그 아이가 가장 좋아하는 지렁이 모양 젤리나 한 박스 사 들고 찾아가야겠다는 생각이 들어서였다. 사람은 누구나 실패할 수 있다. 하지만 그 실패를 딛고 더 힘차게 일어설 수 있는 사람이 되는 것, 나는 이런 이야기를 병상에 누운 그 아이에게 한 번도 해 준 적이 없다.

다시, 오늘은 해가 반짝 뜬 날

우리의 삶은 결코 이카루스의 날갯짓처럼 한 번의 실수로 끝이 나지 않는다. 선생이라는 작자가 힘이 되어 주지는 못할망정, 따가운 햇살이 되어 날갯짓을 연습하는 아이의 날개를 녹여 버린 것은 아닌지 자책감도 든다. 이제 아이와 만나면 딱 한 마디를 하며 이 젤리 박스를 전해 줄 것이다. 그러고는 카이스트에 벚꽃이 예쁘게 핀 이야기, 오리 연못에 분수가 참 아름답게 솟아오른다는 이야기 그리고 이따금씩 듣는 늦은 밤의 까리용 종소리가 무섭다느니 하는 시시콜콜한 이야기도 해 줄 것이다.

"괜찮아……."

무엇보다 이 한 마디를 먼저 해 줄 것이다. 우리는 아직도 많이 실패할 것이니까, 그만큼 날개는 더 단단해질 테니까. 과연 아이의 반응이 어떨까? 미소를 지어 줄까?

고개를 들어 보니 오늘의 하늘은 너무도 푸르다.

아이를 만나고 나서 기숙사에 돌아가면 빨래를 해야겠다. 오늘은 해가 그 어느 때보다 높게 뜬 날이니까.

4월은 잔인한 달,
또 다른 싹을 틔운다

생명과학과 13 이준수

"4월은 잔인한 달. 죽은 땅에서 라일락을 키워 내고 추억과 욕망을 뒤섞고 잠든 뿌리를 봄비로 뒤흔든다. 차라리 겨울에 우리는 따뜻했다. 망각의 눈이 대지를 덮고 마른 구근으로 가냘픈 생명만 유지했으니."

2010년 나의 4월도 T. S. 엘리엇의 시 「황무지」처럼 그렇게 시작되었다. 겨울 동안 얼어 있던 대지의 껍질을 뚫고 작은 싹을 내미는 것이 잔인하리만큼 어렵고 힘들 듯이, 새로운 환경으로 한 걸음을 내딛던 나에게 2010년의 4월은 하나의 도전이었고 좌절이었다.

좀 더 과거의 기억으로부터 이야기를 시작하고 싶다. 개인적으로 남다를 것 없지만, 나에게는 학원과 과외에 지쳐 있는 요즘의 아이들에게는 특별하다고 생각될 만한 추억이 있다. 나는 어린 시절 바쁜 부모님을 대신해서 할머니 손에 자랐고, 학교를 마치면 지루할 새 없는 또 다른 즐거움이 펼쳐졌다.

하루는 집 뒤편으로 흐르는 금강 강변에서 소금쟁이를 잡고, 또 하루는 뒷산에 있는 작은 절 주변에서 풍뎅이를 잡으러 뛰어다녔다. 집에서 키우던 병아리가 닭이 되어 이웃집 닭장에 넣어야 했을 때 헤어짐이 아쉬워 펑펑 눈물을 흘리던 그때가 딱 열 살이었다. 마당 평상에 누워서 별을 보던 기억, 신발을 멀리 던지며 놀다가 기와를 깨 혼나던 기억까지, 지금 나에게는 힘이 되고 웃음을 주는 추억이다.

언제부터 과학을 좋아했는지, 연구를 하고 싶다고 생각한 계기가 무엇인지에 대한 질문을 참 많이도 받는다. 사실 특정 사건을 계기로 과학을 좋아하게 되고, 카이스트에 오기로 마음먹은 것은 아니다. 돌아보면 참 많은 경험을 했고, 그 속에서 온갖 궁금증이 생겨나면서 과학을 자연스레 좋아하게 된 듯하다.

멋모르고 뛰어놀던 어린 시절이 끝나 갈 무렵 어느새 내 장래 희망은 '과학자'가 되어 있었다. 마당에 누워 하늘을 보던 기억이 나를 천체 관측 동아리로 향하게 했고, 이것저것을 잡고 뛰어놀던 즐거움이 여러 궁금증으로 이어졌다. 내 학창 시절이 남들과 달랐던 점 한 가지는 그 호기심을 증폭하고 해결할 수 있는 서재에서 많은 시간을 보냈다는 것이다. 도전도 좌절도, 그때까지 나에게는 머나먼 이야기였다.

추운 겨울이 시작되다

2010년, 나는 한국과학영재학교에 입학했다. 대학생이 된 지금 많은 사람들이 내게 물어보곤 한다.

"어떻게 입학했어요? 어디까지 선행 학습을 마쳤어요?"

솔직히 나도 내가 어떻게 그곳에 입학했는지 잘 모른다. 내가 확신하기로 7할은 운이었다. 입학사정관제가 새로이 도입되면서 단순한 시험이 아닌 다양한 자료와 방법으로 나를 보여 줄 수 있었고, 그 많은 면접관들의 질문이 우연하게도 내가 읽었던 책들과 닿아 있었다. 내게 적지 않은 운이 작용했음을 확신한다.

어쨌든 나는 영재 학교에 입학한 후 첫 한 달 동안 많은 친구들과 가까워졌다. 영재 학교에 처음 들어갔을 때는 사실 즐거움보다 초라함과 두려움이 더 많았다. 선행 학습을 하고 올라온 친구들도 있었지만 나는 그렇지 못했다. 화려한 경시대회 실적이나 유학 경험을 가진 친구들에 비하면 나는 내세울 것이라고는 하나도 없었다. 나를 남들과 비교할수록 내가 초라하게 느껴졌고 어깨가 더욱 움츠러들었다.

2010년 3월은 추운 겨울 같았다. 영재 학교에서의 모든 수업은 영어로 진행되었다. 내게 있어 가장 큰 어려움은 수업 내용을 이해할 수 없다는 점이었다. 처음 배우는 내용이 가득했는데, 한국어로 진행되었어도 어려울 수업이었으니 영어로 이해할 수 있을 턱이 없었다. 엎친 데 덮친 격으로 내 영어 실력으로는 하루에 전공 책 두 장을 읽어 내는 것도 힘에 부쳤다. 과제는 쌓여 가고, 공부해야 할 범위는 늘어났지만 나는 제자리에서 가라앉지 않기 위해 발버둥만 치는 상태였다. 그나마 친구에게 물어봐서 중요한 몇 가지 개념만 간신히 이해했고, 과제도 친구에게 거의 모든 것을 묻고 참고해서 던지듯이 제출하기 일쑤였다.

생활의 변화에 적응하지 못했던 것도 공부를 잡지 못한 큰 이유였다. 나로서는 처음 해 보는 기숙사 생활에 적응하기가 어려웠다. 낙오되지 않기 위해서 책을 붙잡고 밤늦게까지 발버둥을 쳤다. 그러면 몰려오는 졸음으로 인해 다음 날의 모든 계획을 망쳐 버리기 일쑤였다. 그리고 이런 악순환이 반복되었다.

부모님께 한 번씩 연락이 오면 잘 지낸다고 둘러댔고, 통화를 마치고 나면 많이 울었다. 정말 힘들어서였기도 했지만, 무엇보다 내가 상상했던 생활과 즐거움을 찾을 수 없었기 때문이다. 내가 하고 싶은 연구를 하고, 배우고 싶은 과목을 선택해서 배우는 등 과학과 더불어서 다양한 활동을 하는 모습을 꿈꾸며 입학했지만 현실은 달랐다. 내가 꿈꿔 왔던 모습이 나에게만 해당되지 않는다는 생각이 가장 슬펐다. 나는 전봇대에 아슬아슬 붙어 있는 오래된 전단지처럼, 그렇게 간신히 학교에 붙어 있는 채로 3월을 보냈다.

잔인한 봄, 좌절의 시간

2010년 4월은 나에게 잔인한 시간이었다. 나는 다양한 평가를 받았다. 수업마다 토론과 발표가 있었고, 무엇보다도 첫 시험이 기다리고 있었다. 주변의 친구들에게는 어떤 실험실에서 연구할지를 선택하고 고민하는 시기였지만 나에게는 매 수업들이 넘어야 할 장벽 같았다. 그래서 눈앞에 닥친 하루하루를 넘기는 데 급급했다. 시험이라는 장벽은 그 뒤를 지키고 있는 더 큰 산처럼 막막했고 나는 간신히 버티고 있다고 생각했다.

4월이 절반 넘게 지나갔을 무렵 한 수업의 교수님이 학생들을 개인적으로 만나 보고 싶다고 하셨다. 평소에 무섭기로 유명했던 분이고, 그 과목에서 내가 좋지 않은 성적을 받아 왔기에, 개인적으로 교수님을 마주하는 것이 두려웠다. 교수님께서는 내게 어떤 분야에 관심이 있느냐는 질문을 던지셨다. 나는 생명과학에 관심이 있다고 대답했고, 교수님께서는 "지난 두 달 동안 이곳에서 어떤 공부를 하고 어떤 고민을 해 봤느냐."라고 물으셨다. 나는 대답할 수 없었다. 지난 시간 동안 나는 간신히 매달려 버텼을 뿐 어떤 생각도, 고민도 하지 않았다. 아니, 할 수 없었다. 교수님께 아무런 대답도 할 수 없었기에, 다시 만날 시간을 정하고 기숙사 방으로 돌아왔다. 머리를 한 대 맞은 것 같은 멍한 기분으로 한참을 앉아 있었다. 돌이켜 보니 지금까지 친구들이 어느 연구실에 관심이 있는지, 어떤 연구 분야를 생각하는지 말을 건네 오면 대충 둘러대고 넘겨 왔었다. 이 학교에서 쫓겨나지 않기 위해 버티는 나에게 그런 고민은 사치라고 생각했기 때문이다.

T. S. 엘리엇. "4월은 잔인한 달. 죽은 땅에서 라일락을 키워 내고 추억과 욕망을 뒤섞고 잠든 뿌리를 봄비로 뒤흔든다."

2주가 지나고 다시 교수님을 뵙는 날이 되었다. 솔직히 나에게 변한 것은 없었다. 여전히 수업은 전혀 이해할 수 없었고, 남들은 세 걸음 네 걸음을 앞서갈 때 나는 한 걸음 이상으로 뒤처지지 않도록 매일같이 밤을 새야 했다. 몸도 마음도 너무 지쳤고 다시 교수님을 만나면 마주해야 하는 온갖 질문이 고문처럼 느껴져서 피하고 싶었다.

교수님께서는 같은 질문을 던지셨다. 지난 2주 동안 어떤 고민을 해 봤느냐고 물어보셨다. 그 자리에서 내 이야기를 꺼내 봤자 핑계에 지나지 않으며 차라리 솔직한 편이 낫다고 생각한 나는 "아무것도 생각하지 않았다."라고 대답해 버렸다. 교수님께서는 지난 두 달과 내 성적에 대한 내용으로 이야기를 시작하셨다. 이곳에서는 각자가 관심 있는 분야에 대해 질문하고 호기심을 키워 가는 학생들을 위해 전폭적인 지원을 하고 있는데, 그동안의 성적이 최하위인 것과 내 답변으로 보아 더 늦기 전에 부모님과 상의해 다른 학교로 옮기는 것이 좋겠다고 말씀하셨다. 자신에게 맞지 않는 길임을 오랜 시간이 지나 깨닫는 것은 큰 손해이므로 빨리 자신에게 맞는 학교를 찾아가는 게 낫다는 조언이었다. 그분께서 하셨던 말씀이 진심인지, 채찍질을 위한 것이었는지 나는 알 수 없었지만, "서울대학교를 원한다면 늦지 않았다."라는 말씀에는 공감하기 어려웠다. 명문 대학으로 가는 길이라서 이 학교에 입학한 것이 아니었기 때문이다. 하지만 다른 모든 지적은 슬프지만 사실이었다.

나는 앞으로도 지난 두 달처럼 학교생활을 한다면 내게 무엇이 남을까 생각해 봤다. 오랜 고민 끝에 나는 꿈을 꾸지 못하고 허덕이며 간신히 버텨 내야 하는 생활은 아니라는 결론을 내렸고 자퇴를 결심했다. 나는 주말에 부모님과 이야기를 나누었다. 처음으로 지난 두 달간의 일을 모두 털어놓았다. 부모님께서는 미안해하셨다. 더 좋은 여건을 어릴 적부터 만들어 주었다면 내가 힘들지 않았을 것이라면서 말이다. 한 번도 내 학창 시절을 후회한 적이 없었지만, 영재 학교에 입학하고 두 달을 보내면서 어느새 후회하고 원망하고 있는 나였다. '그때 내가 차라리 공부를 했으면 이렇게 힘들지는 않았을 텐데.' '부모님이 더 좋은 환경을 만들어 주셨으면 지금과는 다를 텐데.' 하고 푸념도 했다.

나는 학교로 돌아와 지도 선생님을 찾아뵈었다. 이미 부모님과 통화를 끝내셨고, 내가 자퇴를 희망한다는 사실도 알고 계신 상태로 뵙는 것이었기에 별다른 준비를 해 가지는 않았다. 선생님을 마주한 나는 한동안 울음을 멈출 수 없었다. 선생님께서는 얼마 전 부모님과 주고받았던 문자 메시지를 보여 주셨다. 부모님께서는 내 결정을 존중하고 담담한 모습으로 격려해 주셨지만, 지도 선생님을 통해서 확인한 모습은 누구보다 슬퍼하고 미안하고 걱정하셨다. 나는 지도 선생님과 이야기를 나눈 끝에 지난 두 달만큼만 더 노력해 보기로 했다. 지도 선생님은 같이 여러 방법을 찾아보자고 말씀해 주셨다. 나는 그렇게 2010년 5월을 시작했다.

나를 돌아보며 다시 일어나다

나는 지도 선생님을 통해서 나와 비슷한 어려움을 겪었던 선배들에게 조언을 구할 수 있었다. 그러면서 그동안 나 혼자 했던 고민이, 누군가도 겪었던 것이고 충분히 이겨 낼 수 있는 것임을 점차 깨달았다. 그렇게 하나씩 변하고 있었다. 가장 먼저 내가 다른 친구들보다 출발선이 다르다는 것을 부끄러워하지 않기로 했다. 남들과 출발선이 다를 수 있음을 인정하고 나니, 내가 모르는 것을 숨기지 않고 당당하게 질문하고 배울 수 있었다.

그다음에는 자퇴를 권유해 주신 교수님을 찾아갔다. 그리고 두 달간 내가 해 왔던 고민을 솔직히 이야기하고 자퇴하고 싶지 않다고 말씀드렸다. 졸업할 때 이 학교에 잘못 온 것이 아님을 증명하고 싶다고 말씀드리고, 앞으로 꾸준히 찾아뵈며 모르는 것들에 대해서 질문하고 싶다고 부탁드렸다. 교수님께서는 흔쾌히 내 부탁을 받아 주셨다.

그때부터 졸업식 때까지 나는 매주 목요일이면 교수님 연구실 문을 두드렸다. 꼭 전공에 대한 질문이 아니어도 찾아가 이야기를 나누었다. 학교생활에서의 여유와 주변에 대한 관심도 갖기 시작했다. 영어가 여전히 가장 큰 걸림돌이었지만, 운이 좋게도 10명이나 되는 국제 학생 친구들이 있었기에 많이 교류하고 친해지면서 영어에 대한 자신감도 자연스럽게 키울 수 있었다.

2013년 2월, 나는 동기들과 함께 무사히 학교를 졸업했다. 자퇴에 대한 결심을 접자마자 모든 것이 곧바로 나아지지는 않았다. 첫 두 학기 동안 낙제를 받은 과목들도 있었고, 여전히 수업을 따라가기 어려운 과목들도 있었다.

하지만 학기를 거듭하면서 나아지고 점차 여유가 생겨 주변을 돌아볼 수 있었고 나처럼 어려움을 겪는 친구들에게 도움을 줄 기회도 있었다. 또한 내가 하고 싶은 연구가 무엇인지, 내가 사회에서 어떤 역할을 하고 싶은지를 고민하며 그 자체를 뿌듯하게 생각했다. 특히 그간의 어려움에서 벗어나 변화하면서 얻었던 기회들이 얼마나 소중한 것이었는지 깨달았고, 사회에 나가 내가 받은 것들을 다른 사람들에게 돌려주고 싶다는 소망을 갖게 되었다. 미래의 내가 연구자의 모습이든, 교육자의 모습이든, 또 다른 모습이든 말이다. 과학이라는 도구를 통해 사회적으로 공헌하고 계신 연구자 분들께 직접 연락하고 질문하고 소통하며, 내가 걸어갈 길의 방향을 정하고 그 모습을 구체화할 수 있었던 시간이었다.

그 잔인한 시간에 대해서

2016년 4월, 나는 카이스트에서의 마지막 한 해를 보내고 있다. 카이스트에서의 지냈던 동안 어려움이 전혀 없지는 않았다. 크고 작은 일들이 있었고 때로는 포기하고 싶은 마음이 들기도 했다. 하지만 6년 전의 4월 나는 단단한 껍질을 뚫고 싹을 피웠고, 이제는 더 이상 그 단단한 껍질을 두려워하지 않는다.

그때의 4월은 잔인했다. 앞을 가로막고 있는 그 단단한 땅이 마지막 길이라고 여겨 포기하려 했지만, 돌이켜 보면 싹을 틔우기 위해서는 꼭 거쳐야만 했던 과정이었다. 그리고 계절은 돌아오기에, 다음의 겨울과 얼어 있는 대지를 마주하게 됨을 알았다. 그보다 더 단단한 땅을 뚫고 나와야 할 때가 언제라도 찾아올 수 있을 것이라 생각한다. 하지만 이제는 안다. 그 땅을 뚫어야 비로소 싹을 틔우고 자라날 수 있음을. 단단한 대지 밖에는 빛나는 계절이 기다리고 있음을 말이다. 카이스트에서의 마지막 4월, 나는 또 다른 싹을 위해서 잔인한 4월을 보내고 있다.

공모전 삼전사기(三顚四起)

물리학과 13 김준겸

짧지만 굵은 인생 살아가기

내 또래의 사람들은 평균수명이 약 120세가 될 것이라 한다. 현재 평균수명이 80세 언저리인데 120세까지 산다는 것은 우리 할아버지 세대에 비해 1.5배 가까이 더 산다는 뜻이다. 주변에 이런 이야기를 하면 징그럽다며 손사래를 치지만 나는 이 사실이 너무나 감사하다. 100년이 긴 세월처럼 느껴지지만 결코 그렇지 않으며 인생에는 두 번째 기회란 없기 때문이다. 그래서 누군가에게는 너무 길지 몰라도 나에게는 120년도 조금 부족하다고 생각된다.

이 한 번뿐인 삶을 후회 없이 살려면 내가 즐거운 일을 하는 것도 중요하지만 의미 있는 일을 찾는 것이 더 중요하다고 생각한다. '의미'는 그 사람의 가치관에 따라 달라질 것이고 가치관은 경험과 공부를 통해 수정되고 정립되어 간다. 그렇기에 알찬 인생을 살기 위해서는 진정한 가치가 무엇인지 확인하는 과정을 거쳐야 한다. 본래의 가치관을 검증하고, 보완을 위해 어떤 방향으로 수정해야 하는지 확인하려면 다양한 직간접적 경험을 쌓는 것이 필수적이라 생각한다. '경험'의 과정 속에서 원했던 성과를 얻지 못하거나 초과 비용이 들어갈 수도 있겠지만 그것만으로 내가 실패했거나 성공했다고 평가할 수는 없다. 그 시간을 통해 내게 남은 것이 있다면 충분히 가치 있는 시간인 것이다.

글로벌 챌린저와 지구별 꿈 도전단

카이스트를 다니면서 학업과 동아리에만 집중하는 것은 부족하다고 생각한 나는 입학하자마자 이것저것 외부 활동을 찾아보았다. 그중 눈에 띈 것은 국내 모 대기업에서 여름방학 동안 해외여행을 보내 주는 '글로벌 챌린저'라는 공모전이었다. 항공료는 물론이고 14일간의 숙박비와 부가적인 체류 비용을 지원해 주는 데다 목적지를 참가자 마음대로 고를 수 있어 매년 엄청난 경쟁률을 기록하는 공모전이다. 여행을 좋아하는 나도 여름방학 동안 유럽에 있을 내 모습을 그리며 공모전을 준비하기로 결심했다. 보통 4명이 한 팀으로 출전하기 때문에 1학년 새터반 동기 중 가장 친한 형, 여자 동기 둘과 함께 팀을 꾸렸다.

갓 입학한 새내기의 좁은 인맥 속에서 팀을 꾸리고 보니 문제가 있었다. 4명 모두 무학과인지라 전문 분야가 있지도 않았고 경험도 부족했다. 전공도 없고 관심사가 다르다 보니 주제를 정하기가 여간 어려운 게 아니었다. 고심 끝에 4명 모두 이공계 학도임을 앞세워 '과학의 대중화'라는 주제를 정했다. 전문성을 내세우긴 어려우니 대중성을 강조한 주제였다. 억지스러운 면이 없지 않았지만 시간이 얼마 없었고 마땅한 대안이 없었기에 이를 주제로 확정하고 공모전을 위한 본격적인 준비를 시작했다.

우리는 '과학의 대중화'를 언급하면서 한국 과학교육의 한계와 일반인들과 과학자 사회의 분리 현상을 문제로 지적했다. 과학교육 전문가들을 직접 만나거나 전화로 인터뷰를 진행했고, 결석계를 제출하고 과학관들을 방문해 과학 대중화와 관련한 콘퍼런스에 참석하기도 했다. 그중 서울 프레스 센터에서 진행되었던 미래 전략 심포지엄에 참석했던 것이 가장 기억에 남는데, 신청 기간이 지났지만 담당자 분께 메일을 드려 특별히 정식 등록을 받아 참가한 것이었다. 이렇게 자료 수집 과정에서 겪었던 일들은 마치 모든 것이 우리를 돕고 있는 듯 느껴지게 했다.

하지만 우리는 1차 심사에서 탈락했다. 수업까지 빠지면서 공모전을 준비하고 중간고사 기간 동안 몇 날 며칠 밤을 새며 PPT 문서를 만들었지만 탈락했다. 아쉬웠지만 첫 도전에 큰 기대를 걸지는 않았기에 내년을 기약했다.

2학년이 돼서는 글로벌 챌린저와 비슷한 '지구별 꿈 도전단'이란 활동에 관심을 가졌다. 마찬가지로 해외여행을 보내 주는 프로그램이었는데 지원금이 조금 적었다. 1학년 때 몹시 고생했었지만 방학을 미국이나 유럽에서 보낼 생각을 하면 그런 고생은 큰 문제가 아니었다. 이번에는 남자들로만 팀을 꾸렸고 전에 글로벌 챌린저를 같이 준비했던 형을 설득해 함께하기로 했다. 3명 모두 수학과 물리학을 복수 전공하고 있었기에 이번에는 '순수 과학에 대한 투자'를 주제로 정하여 공모전을 준비했다.

미국의 각종 연구 재단과 IBM의 왓슨 연구소, 벨 연구소 등 순수 기초과학에 전폭적으로 지원해 주는 기관에 메일을 넣었다. 그들의 답변을 토대로 자료를 만들었고, 탐방 계획을 수립해 나갔다. 유명한 공모전이 다 그렇듯 지구별 꿈 도전단도 중간고사 기간에 제출 일자가 잡혀 있었고 이번에도 시험공부를 뒷전으로 미루고 공모전에 집중했다. 하지만 역시 합격 명단에 오르지 못했다. 이번에는 성공할 수 있으리라 믿었기에 더욱더 실망스러웠다. 두 번의 실패 이후 나와 두 공모전을 함께 준비했던 형은 다시는 공모전을 준비하지 않기로 다짐했다.

그런데 2학년 겨울, 다른 새터반 친구로부터 글로벌 챌린저를 함께 준비하자는 제안을 받았다. 팀은 이미 꾸려져 있었고 주제도 정해져 있는 상태였다. 다시는 해외 탐방 공모전을 준비하지 않겠다고 다짐도 했었고 앞선 두 번의 실패로 다시 도전하는 것이 망설여졌지만 나는 이번에는 되겠지 하는 생각으로 팀에 합류하기로 했다.

내가 합류하기 전까지는 주제가 '자전거 관리'였다. 교통수단으로써의 자전거를 우리나라에 체계적으로 도입할 수 있도록 해 보자는 의도였으나, 과거 전기 자전거를 주제로 선발된 팀이 있었기에 나는 주제를 바꾸자고 주장했다. 나의 설득으로 우리는 주제를 '사회적 기업'으로 바꾸었고 조사를 다시 시작했다. 모든 것을 처음부터 다시 만들었지만 우리 팀은 또다시 본선에 올라가지 못했다. 경쟁률이 유난히 높긴 했지만 3년 동안 필사적으로 노력한 세 번의 도전이 모두 물거품으로 돌아간 것이 억울했다.

실패한 도전이 안겨 준 선물들

하지만 시간이 지나면서 내 자신이 공모전을 준비하는 과정에서 많이 성장했음을 깨달았다. 사소한 것부터 보면, 이제 PPT 문서를 매우 잘 만든다. 포토샵, 일러스트레이터, 동영상 특수 효과를 다루는 애프터 이펙트까지 다룰 수 있다. 게다가 공모전을 준비하며 인터뷰했던 교수님으로부터 연구원으로 활동해 보겠냐는 제안을 받아 전공과 전혀 무관한 경영학과에서 한 학기 동안 월급을 받으며 연구원으로 활동했다. 이공계 학생의 신분으로서는 쉽게 할 수 없는 경험이었다.

그리고 공모전을 준비하면서 사회적 기업에 대해 깊게 이해하게 되면서 그쪽 분야에 더 관심이 생겼고 본래 내가 속해 있던 소셜 벤처 동아리의 회장을 맡았다. 카이스트 동아리 회장의 자리는 내게 다양한 기회를 제공했다. 다양한 스타트업 관련 행사나 사회 기술 콘퍼런스 등에 초청받아 참석하기도 했고 동아리 선배님의 추천으로 스타트업 기업에서 겨울방학 동안 인턴으로 일하기도 했다.

원래 나는 겨울방학 동안 진행되는 대기업의 인턴십 프로그램을 신청했었다. 큰 문제가 없으면 웬만한 신청자는 모두 합격해 참가하는 프로그램인데 합격자 발표 당일, 나만 메일을 받지 못했다. 도대체 무엇이 잘못되었기에 떨어졌는지 알아보던 중, 내 신청서가 기업으로 전달될 때 누락됐다는 이야기를 학교 직원으로부터 들었다. 겨울방학 계획이 통째로 날아가 허망했는데 그때 선배로부터 연락이 와서 스타트업 기업의 인턴을 하게 된 것이다. 동아리 회장이 아니었거나 대기업 인턴십 프로그램의 신청서가 누락되지 않았다면 나는 스타트업 기업에서 인턴을 할 수 없었을 것이다.

스타트업 기업에서 인턴으로 일한 것은 창업을 꿈꾸는 내게 실무를 경험할 수 있는 좋은 기회였다.

창업을 꿈꾸고 있던 내게 스타트업 기업에서 2달 동안 인턴으로 일한 것은 소중한 경험으로 남았다. 인력 하나하나가 중요한 작은 벤처 기업에서는 인턴이라도 서비스 기획, 개발, 마케팅 등 많은 부분에 참여할 수밖에 없었다. 나는 전공과 전혀 무관한 웹 프로그래밍을 배워 서비스 개발에 참여하기도 했고, 공모전을 준비하며 숙련한 기술을 바탕으로 미국 기업에 보낼 사업 제안서를 만들기도 했다.

공모전을 준비하면서 또 하나 느낀 것은 카이스트에 대한 자부심이었다. 연구소나 과학과 관련된 정부 기관 등 다양한 곳에 전화를 하거나 메일을 보내면 국내든 해외든 카이스트 동문 선배님들이 항상 계셨다. 가장 인상적인 기억 한 가지는, 미국의 IBM 왓슨 연구소에 연락을 했을 때 책임자로부터 답신을 받았는데 그 책임자가 카이스트 졸업생이었던 것이다. 그분은 친절하게 우리가 요청한 사실들을 확인해 주셨고, 미국에 와서 왓슨 연구소를 방문한다면 자신이 꼭 안내하겠다고 답변을 주셨다. 결국 미국에 가진 못했지만 힘든 준비 과정 속에서 그런 선배님들을 만나면 격려를 받고 내 미래의 멋진 모습도 그려 볼 수 있었다.

세 번의 공모전 도전을 통해 나는 실패에 익숙해졌으며 실패가 남긴 상처를 치유할 수 있는 방법을 배웠다. 그리고 무식하게 노력만 해서

실리콘 밸리의 성공한 창업가들 역시 통상 세 번의 창업 실패를 거쳤다고 한다.

는 안 된다는 것을 뼈저리게 느낌과 동시에 도전에 있어서 실패를 전제하는 것을 당연시하게 되었다. 실패를 전제하는 것은 스타트업 분야에서는 기본적인 시작 조건이다. 창업한 회사의 90퍼센트가 실패를 하며 남은 10퍼센트 중에서도 제대로 된 성공을 했다고 볼 수 있는 것은 1퍼센트 정도뿐이다. 또 일반적으로 실리콘 밸리의 성공한 창업가들은 통상 세 번의 실패 끝에 네 번째 회사에서 성공을 일궈 낸다고 한다. 창업을 꿈꾸는 내게 실패에 대비하는 것은 굉장히 중요한 일이다. 대학생이 공모전에서 몇 번 떨어지는 것과 내 회사가 문을 닫는 것은 규모가 전혀 다른 실패이지만 나는 대학교 시절 경험할 수 있는 실패 중 그래도 크다고 할 수 있는 것을 경험했다고 생각한다.

이렇게 실패에 익숙해지면서 새로운 도전에 임하는 나의 자세도 바뀌었다. 덜 걱정했고, 늘 새로운 길이 있으리라는 믿음으로 긍정적인 태도로 결과를 맞이할 수 있게 되었다.

얼마 전, 학교 창업 지원실에서 창업 동아리를 모집할 때도 비슷한 마음으로 신청을 했다. 발표에서 실수를 해서 지적을 받았지만 내가 다음에 무엇을 조심해야 되는지 배웠다고 생각하며 돌아왔다. 감사하게도 우리 동아리가 창업 동아리로 선발되었고 프로젝트를 진행하는 데 필요한 예산을 지원받을 수 있었다.

내가 선택한 가치 있는 삶

고등학교 때까지만 해도 나는 무한한 우주를 공부하고 이해하는 것이 유한한 존재로서 할 수 있는 가장 가치 있는 일이라 생각했다. 하지만 고등학교 때 엄마가 암으로 돌아가시면서 생각이 많이 바뀌었다. 당시에는 하필 내게, 우리 엄마에게 이런 끔찍한 불행이 찾아왔다는 사실에 하루하루가 고통스러웠다.

하지만 인터넷을 통해 여러 사연을 알게 됐는데 암으로 부모님을 잃은 사람들 중에는 나보다 어린 친구들도 있었고, 이미 편부모 가정인데 어머니 혹은 아버지가 말기 암 선고를 받은 사람, 경제적인 이유로 부모님이 암 환자지만 치료를 받지 못해 걱정하는 학생들도 있었다. 나와 그들 모두 가슴이 찢어질 듯한 슬픔을 경험한 것은 같으나 나는 감사하게도 집안이 그리 가난하지 않았고, 과학고등학교라는 좋은 기회 속에서 미래를 꿈꾸며 공부하고 있었다. 나는 그들에 비해서 훨씬 나은 조건에 있었다.

그 이후로 나는 내 삶을 희망이 없는 사람들, 특히 청소년들에게 희망을 주고 기회를 만들어 주는 데 바쳐야겠다고 마음먹었다. 봉사 활동과 기부도 하고, 더 많은 사람에게 도움을 주기 위해서는 그러한 일을 할 수 있는 능력을 갖춰야 하며 그 방법은 창업을 통한 성공뿐이라 생각했다. 인류에게 더 나은 기술을 제공하면서도, 어려운 사람들을 고용하고 기회가 박탈된 자들에게 빛이 될 수 있는 그런 회사를 만들어 가고 싶다.

다음 학기는 휴학을 생각하고 있다. 복수 전공을 하고 있기에 휴학을 한다면 커리큘럼이 꼬여 졸업까지 시간이 좀 더 걸리겠지만 그래도 난 대학생으로서 많은 경험을 하고 싶다. 그리고 내가 꿈꾸는 뜻과 가치가 가장 중요한 것이 확실한지 시험하는 한편, 내가 인생 마지막에 후회하지 않도록, 빠뜨린 가치가 없는지 찾는 시간을 가질 것이다.

휴학 기간 동안 하려고 계획하고 있는 가장 큰 일은 바로 유럽 여행이다. 두 차례의 공모전을 함께 준비했던 새터반 형과 함께 공모전을 준비할 때 계획했던 것처럼 수학과 물리학 거장들의 발자취와 역사를 따라 유럽 곳곳을 여행할 계획이다. 내 돈으로 가는 만큼 자유롭기도 하고 또 다른 의미가 있다고 생각한다. 대학교를 다니며 도전했던 공모전들은 결국 나를 유럽이나 미국으로 보내 주지는 못했지만 내 미래를 더 성숙한 모습으로 그릴 수 있도록 이끌어 주었다. 실패와 좌절로 생각되었던 일들이 결국에는 내게 다른 형태로 보상이 되어 되돌아왔고, 가을에 떠날 해외여행도 아쉬움 없이 다녀올 수 있으리라 생각한다.

인생은 짧다. 짧은 삶 동안 고생이 두려워 별다른 시도 없이 인생을 보낸다면 그보다 더 아까운 것은 없다. 창업을 목표로 삼았고, 창업의 목적도 일반적인 창업과는 방향이 조금 다르기 때문에 앞으로도 많은 실패가 함께할 것이라 예상한다. 실패가 필수적인 것은 아니지만 실패의 잠재성이 있다면 이를 미리 경험하여 더 큰 비용을 지불해야 하는 미래에는 겪지 않도록 준비할 것이다. 인생에는 언제나 무수한 길이 있으며, 내가 긍정하고 노력하는 한 다시 도전할 수 있는 기회가 찾아온다고 믿는다.

꿈을 위한 실패

수리과학과 11 김재서

만화가가 꿈이었던 아이

초등학교 4학년 때 나는 미술 학원에 다니고 싶었다. 그 이유는 정말 사소했는데, 짝꿍이 그림을 잘 그렸기 때문이었다. 그 친구의 책상은 낙서로 가득했고 교과서에 나오는 사람 그림은 모두 재창작의 대상이었다. 나는 미술 시간 외에 그림을 그려 본 적이 없었기 때문에 어떻게 하면 그림을 잘 그릴 수 있는지 궁금했고, 미술 학원에 가면 된다는 대답을 들었다.

그 당시에 나는 피아노 학원, 태권도 학원 등 여러 학원에 다녔는데 부모님이 시켜서 억지로 다녀야 했던 그 학원들은 쓸모가 없다고 생각했다. 태권도를 배운다고 해서 누구와 싸울 일도 없고, 피아노는 피아노 학원에만 있는데 왜 굳이 치러 가는지 이해할 수 없었다. 그에 비해 미술은 연필로 가볍게 낙서만 해도 그림이 되기 때문에 미술이야말로 평소에 쓸 수 있는 것이라고 믿었다. 하지만 부모님은 미술이 여학생들만 배우는 거라며 학원에 보내 주지 않았다.

그림 그리기에 막연한 동경을 갖고 있던 나는 중학교에 들어가면서 내가 그리고 싶은 것이 만화임을 깨달았다. 때마침 미술 학원에 다닐 구실도 찾았는데, 바로 미술 수행평가 점수였다. 중학교 1학년 때 교내 경시대회에서 1등을 했기에 선생님들은 나를 같은 재단의 고등학교로 진학시키고 싶어 했다. 체육 시간에는 운동을 안 하고 공부를 했고, 대부분의 수업 시간에는 학원에서 밤새 공부했다는 이유로 잠을 잘 수 있었다. 하지만 미술과 음악 수행평가만은 대안이 없었기 때문에 부모님은 두 과목의 학원에 등록해 주셨다.

나는 미술 학원에 갔던 첫날의 실망을 아직도 잊지 못한다. 빨리 만화를 그리고 색을 칠하고 싶었던 나는 한 시간 내내 직선을 그려야 했다. 하지만 이상하게도 그동안 다녔던 어떤 학원보다도 즐거웠다. 함께 등록했던 플루트 학원은 오직 수행평가를 위한 것이었지만 미술 학원은 내가 다니고 싶어서 가는 것이었고, 그곳에 다니다 보면 언젠가 만화를 그릴 수 있게 되리라는 믿음이 있었다.

만화라고 부를 만한 작품을 그려 낸 것은 3학년이 다 되어서였다. 완성된 만화를 보면서 학원에 같이 다니던 옆 중학교의 친구와 함께 미술만 배우는 대학에 가자는 이야기를 하곤 했다.

하지만 나에겐 그런 꿈을 꾸는 것은 허락되지 않았다. 부모님과 담임선생님은 나를 같은 재단의 고등학교나 과학고등학교에 보내고 싶어 하셨다. 미술을 좋아하는 것은 충분히 알겠지만 재능이 아깝다는 게 이유였다.

"경시대회 실적이 이렇게 좋은데 왜 과학고에 지원서를 넣지 않니."

"만화는 취미로 그리고 좋은 직장을 얻으려면 과학고에 가야 해."

"미술만 해서는 비싼 물감 살 돈도 나오지 않는다더라."

이와 같은 말을 주변 사람들에게 수도 없이 들었다. 중학교 담임선생님에게 있어 정말 중요한 게 내 미래인지 '과학고에 몇 명 보냈다.'는 학교의 위상인지는 알 수 없었지만 나는 일단 그렇게 하기로 했다. 미술과 음악 학원은 자연스럽게 그만두었고, 과학고등학교 대비반에 다니면서 나는 더 이상 그림을 그리지 않았다.

꿈을 잃은 공대생

만화를 다시 그리게 된 것은 카이스트에 입학한 후의 일이었다. 신입 생활을 끝내고 2학년으로 올라가던 겨울방학에 주변 친구들이 페이스북을 시작했다. 때마침 학과를 정하고 전공 공부를 시작하기 위해 시간표를 짜던 시기였고, 그것에 관련된 내용을 짧은 만화로 그리면 재밌겠다는 생각이 들었다. 친구들과 시간표에 관한 농담을 하다가 만화로 가볍게 그려 보았는데 예상 외로 반응이 매우 좋았고 그 일을 계기로 가끔씩 만화를 그리게 되었다.

친구들은 내 만화의 그림 자체가 프로처럼 대단하지는 않지만 스토리는 재미있다고 했다. 영화나 드라마처럼 특별한 이야기는 아니라도 일상적인 내용이 나 자신의 이야기 같다는 호평이 많았다. 페이스북 사용자가 늘어나면서 내 만화를 보려고 내 계정을 팔로우하는 사람들도 생겼고, 한동안 연락이 없던 후배에게 내 팬이라는 메시지가 오기도 했다. 이때 나는 웹툰 작가가 되고 싶다는 생각을 했다. 그리고 수학, 과학, 영어부터 예체능 과목까지 공부를 위해 수많은 학원에 다니면서 거의 유일하게 재미를 느꼈던 그림이 직업이 될 수도 있다는 생각에 만화를 그리는 시간을 조금씩 늘려 갔다.

만화에 빠져 시간을 보냈던 2학년 1학기부터는 성적이 좋지 않았다. 여러 과목 중 수학 성적이 가장 좋아서 수학과에 진학했던 나는 자신감을 잃었다. 딱히 좋아하지 않는 과목을 전공으로 선택한 데다 그림까지 그리려니 성적이 잘 나올 리가 없었고, 차라리 미술대학을 갔더라면 대학 생활을 즐겁게 하지 않았을까 하는 생각을 계속했다.

공부를 하는 시간에 만화를 그렸다면 또 모르겠지만, 나는 이도 저도 하지 않는 채로 시간을 보내기 시작했다. 수업도 다 빼먹고 하루 종일 천장을 바라보며 누워 있기도 했다. 컴퓨터를 켜서 패드에 만화를 그리다 보면 억지로 그린 티가 났다. 만화를 그리고 싶긴 한데 자퇴를 하고 미대로 편입할 용기는 없었고, 산업디자인학과로 전과를 하거나 좋아하지도 않는 공부를 계속하는 것은 마음에 내키지 않았다.

바보같이 휴학을 하지도 못했다. 지푸라기라도 잡는 심정으로 웹툰을 연재하는 사이트에 만화를 올려 봤지만 다음 화가 궁금해지지 않는 그저 그런 평범한 만화로 그쳤다. 이제 와서 생각해 보면 더 이상의 노력을 하고 싶지 않았던 나였다. 그저 평소처럼 내 만화를 봐 주는 사람들이 계속 있으면 했고, 더 나아가 금전적인 수입 문제까지 해결하고 싶었던 것이다.

그렇게 1년이라는 긴 시간을 끌고 나서야 군 입대를 결심했다. 어찌

되었든 대학원에 갈 마음은 사라진 지 오래였고, 병역 문제를 해결하는 김에 진짜 내가 하고 싶은 게 뭔지 생각하는 시간을 갖기로 했다. 물론 성적이 좋지 않았던 것도 한몫했다. 친구들은 군대에 가겠다는 나를 신기해했다. 카이스트 학생들은 대부분 군대에 가지 않기 때문에 입대에 대한 막연한 두려움이 있기 마련인데 대체 만화가 얼마나 좋으면 군대까지 가나 궁금해했다. 나를 신기해하는 것은 군대에서 만난 사람들도 마찬가지였다. 카이스트생은 보통 군대에 오지 않는데 왜 왔냐고 자주 물어봤고, 그때마다 나는 유학 생각이 있는 게 아니라 대학원에 갈 생각이 없고 만화가 그리고 싶다고 대답했다.

하지만 얼마 지나지 않아 나는 이상한 경험을 했다. 대령 계급장을 달고 있던 여단장을 만났을 때의 일인데, 내가 카이스트생이라는 말을 듣고 내게 꿈이 뭐냐고 물었다. 평소처럼 "만화가가 되는 것이 꿈입니다."라고 하면 되는 일이었는데 나는 그렇게 하지 못했다. 내 생각과는 달리 "좀 더 공부를 해 보고 결정해야 하겠지만 일단은 연구원."이라는 답을 하고 말았다.

꿈을 위한 실패

중학교 시절 다니던 미술 학원의 옛 친구를 만난 것은 군 생활이 끝나 갈 무렵이었다. 긴 휴가를 나와 집에서 쉬던 나는 문득 '그림을 계속 그리던 그 친구는 어떤 일을 하고 있을까?' 하는 궁금증이 일었다. 나는 바쁘다는 핑계로 문자 한 통 보낸 적 없는 번호로 전화를 걸었고, 집에서 조금 먼 거리였지만 친구를 찾아갔다.

그 친구는 예상대로 미대에 진학해 있었다. 서울에 있는 대학은 아니고, 지방에서 알아주는 국립대학이었는데 재수를 해서 이제 2학년이라고 했다. 친구가 들려준 미대에 관한 이야기는 수학이나 과학이 아닌 미술을 하는 대학 생활에 대한 로망이 있었던 나에게 충격이 아닐 수 없었다.

고등학교 수준의 수학, 과학과 대학 수준의 수학, 과학이 전혀 다른 것처럼 미대의 미술도 그랬다. 우리가 어릴 때 그려 왔던 그림들은 사실 흔하고, 누구나 그릴 수 있는 그림일 뿐이었다. 이제는 단순히 그림을 그리는 것보다 그림에 의미를 부여하고 해석하는 것이 더 중요하고, 따라서 그 친구는 미술 공부가 아니라 철학 공부를 하는 중이라고 했다. 현대미술과 초등학생의 그림을 전문가도 구별하지 못한다는 말도 덧붙였다. 또, 친구는 9급 공무원 시험을 준비 중이라고 했다. 주변에도 그렇게 하는 이들이 많은데, 돈 문제도 그렇고 철학을 배우는 미술의 현실도 마음에 들지 않아서라고 했다.

곧 전역인데 자퇴하고 만화를 그리고 싶다는 내 말에 친구는 욕을 했다. "리오넬 메시가 농구 하러 가는 소리."라던 조금은 과장된 비유가 아직도 기억에 남는다. 학교에 갇혀서 잘 모르겠지만 국내 이공계 대학 중 가장 좋은 곳에 다니는 사람이 웹툰을 그린다는 이유로 학교를 자퇴하는 것은 말도 안 된다고 했다.

그 친구와 이야기를 나누고 나서야 지난번의 이상한 경험이 이해가 갔다. 대령을 만나 공부를 더 해 보고 연구원을 하겠다던 말은 높은 계급에 기가 죽어 교과서적인 답변을 한 게 아니라 현실을 인식한 대답이었다. 무작정 그림을 그리겠다고 자퇴를 했다면 나는 어떻게 되었을까? 아르바이트만 하러 다니거나 그마저도 하지 않는 백수가 되었을지 모른다. 내 꿈이 만화가라고 해서 무작정 만화에 뛰어드는 것은 오히려 꿈에서 멀어지는 일이 될 수 있다. 현실적인 문제들을 무시하고는 꿈에 가까워질 수 없다.

사실 꿈은 이룰 수 없다. 수천만 한국인 중에서 꿈을 이룬 사람이 몇 퍼센트나 될까? 아마 1퍼센트도 채 되지 않을 것이다. 대부분의 사람들이 꿈을 이루지 못한다면 꿈은 이룰 수 없다고 하는 게 맞을지도 모른다. 마찬가지로, 대부분의 사람들이 꿈을 바꾸기 때문에 꿈은 바뀌는 게 정상일지 모른다. 그러니까 사실 꿈이란 건 하나의 목표일뿐이지 꼭 거기에 도달해야만 하는 것이 아니다. 오히려 우리는 꿈을 바꾸기 위해 꿈에 도전한다. 내가 생각하는 방향이 맞는지 확인하고, 더 나은 방향은 없는지 돌아보는 과정이다.

수많은 카이스트생들의 어렸을 적 꿈은 연구원이나 교수였을 것이다. 하지만 대학에 들어오고 나서 학문이 어떤 것인지를 알고 난 후에 그들의 꿈은 바뀐다. 이건 꿈을 포기했다거나 실패한 것이 아니다. 스스로에게 맞는 새로운 꿈과 방향을 찾는 것이다. 누군가에게는 교수보다 교사가 어울릴 수 있고, 또 누군가에게는 연구원보다 기업에서 일하는 게 맞을 수도 있다. 어찌 보면 당연한 일인데, 그동안 사람들은 그게 꿈을 버리는 일이라고 생각해 왔다. 돈을 쫓아간다거나, 능력이 부족하다거나 하는 이유로 꿈을 버렸다고 생각했다. 때문에 우리는 꿈을 향한 도전에 실패하고 방향을 바꾸는 것을 두려워하지만 사실 그 실패는 소중한 실패다.

중학교 시절의 내가 내 뜻대로 미대에 진학했다면 나는 정말 웹툰을 그릴 수 있었을까? 카이스트에 입학하고 나서 자퇴를 했다면 나는 편한 마음으로 그림을 그렸을까? 모두 아니다. 위인전이나 교과서에서 읽었던 꿈을 향한 모범적인 도전과 노력에 반하는 선택을 해 왔지만 나는 매일 조금씩 웹툰을 그려 나가고 있다. 교과서에서 읽은 대로라면 나는 미대에 진학했거나 학교를 자퇴하고 그림을 시작했어야 하는데, 그렇게 해서 성공하는 사람은 만 명 중에 한 명이나 가능하다. 나는 에디슨도 아니고 피카소도 아닌데 그 사람들이 했던 대로 하면 꿈에서 멀어지는 일밖에 되지 않는다. 만 명 중에 한 명보다는 9,999명에 속한 우리는 사실 꿈을 바꿔 가며 나아가는 것이 맞을지도 모른다.

모로 가도 서울만 가면 된다는 말은 더 이상 맞는 말이 아니다. 사람마다 차종이 다르고, 운전 실력이 다르고, 목적지가 다른데 모두가 서울에 도착할 수 있을 리가 없다. 꿈의 방향을 계속 바꾸게 해 주는 무언가에 관심을 가져야 한다. 그것은 다름 아닌 실패다. 실패로 인해 우리의 꿈은 바뀐다. '실패는 성공의 어머니다.'라는 말의 숨은 뜻이 여기에 있다.

실패를 계속하다 보면 언젠가는 성공한다기보다는 실패가 성공의 방향을 찾는 데 도움을 주는 것이다. 사람들은 성공을 돈이나 명예 등으로 표현하기 때문에 다들 성공하고 싶어 하지만 쉽지가 않다. 하지만 성공은 애초에 그런 일반적인 것이 아니다. 내가 할 수 있는 성공, 내가 이룰 수 있는 꿈이 누구에게나 똑같은 내용이 아니기 때문에 남들과는 다른 나만의 성공이 있는 것이다. 따라서 '실패는 성공의 어머니다.'라는 말은 실패했던 내용으로 도로 성공한다는 뜻이 아니라, 실패했던 것들과는 전혀 다른 성공을 하게 된다는 뜻이다.

그동안 나는 실패를 두려워했고, 물론 지금도 실패가 한없이 두렵고 힘들다. 하지만 의도하지 않은 실패들 덕분에 나는 내 방향을 잡을 수 있었다. 그래서 지금은 오히려 실패가 고맙다. 남들은 잘하지 않는 실패를 나만 하는 것 같아 운이 없다고 생각했었는데, 사실 나는 실패를 경험한 운이 좋은 사람이었다.

전역을 하고 나서 복학하기 전까지 군 생활을 하며 그렸던 만화들을 다듬었다. 여러 주제가 있었지만 그중에서 공대 생활에 관련된 만화를 모아 네이버 웹툰에 올렸다. 네이버 웹툰의 '도전 만화가'라는 탭은 자유롭게 만화를 올리고 사람들이 평가를 하는 곳인데, 전에 한 번

혹평을 받았던 기억이 있어서 기대는 하지 않았다. 그런데 의외로 사람들의 평이 괜찮았다. 공대생에 관한 미국 드라마인 〈빅뱅 이론〉의 한국 버전 같다는 댓글도 있었다. 두려움으로 시작했던 웹툰도 벌써 연재한 지 4개월이 되어 간다. 공부를 하면서 그림을 그릴 수 있을까 걱정도 했지만 어느 정도는 해내고 있는 중이다.

최근에 나는 또 한 번 실패를 경험했다. 연재하고 있는 웹툰 평점이 지난주에는 8점이었는데 이번 주에 7점으로 떨어졌다. 시험 기간이 겹쳐서 그렇다고 생각하고 넘긴다면 나는 다음 주 분량을 더 잘 그리려고 노력할 테고, 역시 재능이 없다고 생각한다면 그림을 그만두고 공부에 전념하게 될지도 모른다. 하지만 어느 쪽이든 내 꿈을 다시 한 번 수정하게 만드는 일이다. 그래서 나는 또 한 번의 실패가 진심으로 반갑다.

$Ba^{2+} + CO_3^{2-} = BaCO_3\downarrow$
H_3C
H_2O
a
b
c
CH_3

PART 03

조금 쉬어 가도 괜찮아, 나를 돌아보는 시간

조금 쉬어 가도 괜찮아

건설및환경공학과 12 정희연

쉴 틈이 없었던 그러나 소중한 기억으로 남은 지난 시간들

"일어나! 빨리 일어나!"

경기장에서 넘어진 내 귓가에 들려오는 수십 명의 고함 소리. 그 소리에 나는 금방이라도 끊어져 버릴 것 같은 무릎 통증에도 불구하고 파블로프의 개처럼 일어나 무의식적으로 내달렸다. 그렇게 죽을힘을 다해 결승선을 첫 번째로 통과하고 나서야 왼쪽 다리의 통증을 극심하게 느끼기 시작했고, 나는 차디찬 빙판 위에 주저앉아 버렸다.

그러나 관중들은 주저앉은 내가 아닌 전광판의 내 이름과 옆에 찍힌 숫자 1을 보고 환호성을 지른다. 어느 누구도 "괜찮아. 멈춰도 돼. 조금 쉬어."라고 말해 주지 않는 냉정하고도 잔혹한 빙상의 세계. 난 그 세계에서 7년을 버텼다.

쇼트트랙 국가 대표와 올림픽 금메달. 이 두 가지가 내 꿈의 전부였고, 내 인생의 전부일 거라 생각했다. 아니, 어쩌면 그 두 가지 꿈 외에 다른 꿈을 생각할 겨를이 없었는지도 모른다. 나는 그저 넘어지면 주저앉아 우는 일곱 살이 아닌, 어떻게 넘어져야 안전하며 어떻게 일어나야 가장 빨리 원래의 기량으로 내달릴 수 있을지를 배우는 일곱 살이었다. 그렇게 내가 보는 내 인생도, 남이 보는 내 인생도 한 치의 오차 없이 나는 쇼트트랙 선수로 성장해 나가고 있었다.

그렇게 7년이란 세월이 흘렀고 어느덧 나는 쇼트트랙 꿈나무가 아닌 주목받는 유망주가 되었다. 1등은 내 이름 석 자에 따라다니는 당연한 꼬리표였고, 가끔가다 붙는 2등이라는 꼬라표는 나를 자책하고 원망하게 만드는 족쇄 같은 존재가 되었다. 그럴수록 1등에 대한 부담감은 날로 높아졌다. 그리고 결국 그 부담감은 유리알처럼 깨끗했던

사고를 당하기 전까지 쇼트트랙 국가 대표와 올림픽 금메달이 내 꿈의 전부였다.

내 꿈의 빙상 경기장에 크나큰 균열을 일으키고 말았다.

선수 생활 7년째, 나는 어김없이 스케이트화를 신었고, 끈을 단단히 동여맸다. '탕!' 하는 출발총의 굉음과 함께 나는 미친 듯이 내달리기 시작했다. 그렇게 몇 바퀴를 지났을까, 마지막 바퀴를 알리는 종소리가 들리기 시작했다. 그런데 이상했다. 평소 같으면 아무도 없어야 할 내 앞으로 두세 명의 선수들이 내달리고 있었다. 마지막 종소리와 동시에 들리는 다른 목소리도 있었다.

"뭐 해! 더 달려! 왜 그래!"

나를 다그치는 듯한 수많은 고함 소리. 뒤처지는 나를 비난하는 야유 소리. 나는 그 소리 때문에 무리해서 달리기 시작했고 결국 출발총 소리와 맞먹는 굉음을 내며 경기장 벽으로 튕겨져 나갔다. 그리고 그와 동시에 탄탄하게만 보였던 내 꿈의 길에서도 나는 잔인하게 튕겨져 나갔고, 비참하게 버려졌다. 그렇게 나의 선수 생활은 막을 내렸다.

쉬어야만 했던, 지금의 나를 있게 한 내 인생의 휴식 기간

드라마에서나 보았던 병실 장면이 내 눈앞에 펼쳐져 있다는 게 믿기지 않았다. 더욱이 그 드라마 속 비운의 여주인공이 나라는 사실이 소름 끼치도록 싫었다. 코끝을 스치는 알코올 냄새는 역겨웠고, 두 다리로 걷지 못하는 내 옆에 우두커니 있는 휠체어는 그보다 더 가식적으로 보일 수 없었다.

그보다 더 싫은 건 나를 쳐다보는 측은한 눈빛들이었다. 그 상황을 바로 이해하기엔 열네 살의 나는 너무 어렸다. 일어나서 보란 듯이 신발 끈을 동여매고 달려 나가고 싶은데 그럴 수 없는 내가 너무 싫었다. 왼쪽 다리에 칭칭 감겨져 있는 석고붕대는 내가 더 이상 빙상의 세계로 돌아갈 수 없다고 하루 종일 내게 이기죽거리는 듯했고, 선수가 아닌 환자라는 호칭은 비수가 되어 귀가 아닌 가슴으로 꽂혔다.

"괜찮니? 조금 더 누워 있어. 일어나지 마."

주저앉지 말라며, 무조건 일어나서 달리라고 잔인하게 말하던 그 사람들이 내게 일어나지 말라며 좀 더 쉬라고 한다. 무슨 소리냐며 씩 웃으면서 일어나고 싶었지만, 당장의 내가 할 수 있는 일은 정말 쉬는 것밖에 없었다. 아니, 쉬어야 했다.

나는 오래도록 쉬었다. 아무런 걱정 없이 해가 중천에 뜨도록 늦잠을 자기도 했고, 저물어 가는 저녁 하늘을 멍하니 쳐다볼 여유도 생겼다. 친구와 바나나 우유를 마시며 서너 시간 수다를 떨기도 하고 침대에 누워 만화영화 세 편을 연달아 보기도 했다. 그런 내게 무언가를 재촉하는 사람은 아무도 없었다. 다들 괜찮다고, 쉬어도 된다고 다독거릴 뿐이었다.

그 순간 이 생활이 너무 좋다는 바보 같은 생각을 했다. 훈련도 받지 않고, 땀 흘려 운동하지도 않고, 더 다칠 걱정을 하지 않아도 되고, 혹여나 2등이 될까 봐 마음 졸이지 않아도 되는 생활을 즐기고 있었던 것이다. 나는 조급해하지 않았다. 쇼트트랙 말고 내가 뭘 할 수 있을지, 아니 뭔가를 하고 싶긴 할지 마음의 여유를 갖고 생각해 보려 했다. 부모님도, 주위 사람들도 그런 나를 말리지 않았다.

푹 쉬면서 극복한 슬럼프, 이제는 소중한 내 삶이 된 지금

그리고 두 달 뒤, 드디어 내 스스로 무언가 하고 싶은 일이 생겼다. 쉬는 것도 노는 것도 너무 좋았지만, 몇 년 뒤 함께 훈련받던 동료 선수들의 성공을 그저 부러워하고만 있기는 싫었다. 비록 빙상 경기장 위는 아니지만, 다시 한 번 꿈을 위해 내달리고 싶었다. 올림픽 금메달을 목에 걸 수는 없겠지만, 금메달을 목에 거는 이들을 보며 병원 한구석에 누워 있고 싶지는 않았다.

나는 미뤄 왔던 재활 치료를 시작했다. 한 걸음, 한 걸음 내딛을 때마다 찢어질 듯한 고통이 밀려 왔고 왼쪽 다리의 발가락 하나를 움직이기 위해 7시간 동안 땀을 흘리기도 했다. 하지만 포기하지 않았다. 내가 다시 꾸는 꿈이 무엇이든 내 두 다리로 건강하게 뛰고 싶었다. 그리고 마침내 나는 어느 누구의 도움도 없이 담당 의사 선생님과 마지막 인사를 나누고 병원 문을 나섰다. 그리고 곧바로 서점으로 향했다.

나는 많이 뒤처져 있었다. 아래 학년의 책부터 봐야 할 만큼 공부가 많이 부족했다. 하지만 이제 어느 누구도 내게 1등을 강요하지 않았기에 나는 겁내지 않고 차근차근 배워 나가기 시작했다. 훈련을 받기 위해 일찍 일어났던 옛날과 달리, 부족한 부분을 더 공부하기 위해 일찍 일어났다. 무리하지 않고, 긴장하지 않고 하나씩 공부해 나갔다. 공부하다가 머리가 지끈지끈해질 때쯤이면 친구들과 떡볶이를 사 먹으러 놀러 나가기도 했고, 동전 노래방에 들어가 속이 뻥 뚫릴 때까지 소리를 지르고 오기도 했다. 그렇게 나는 한 계단씩 서두르지 않고 올라갔다.

이렇게 공부하는 나를 두고 주변에선 "운동하던 애가 무슨 공부야."

라며 쑥덕거렸다. 어느 누구도 내게 큰 기대를 하지 않았고 그랬기에 나는 어떠한 부담도 가지지 않았다. 내가 하고 싶어서 하는 공부였고 미래의 나를 위해 지금의 내가 줄 수 있는 선물이 공부라고 생각했다. 그렇게 나는 타인의 관심 속에서 완전히 잊혔고, 그저 묵묵히 공부하고 또 공부할 뿐이었다.

그리고 드디어 고등학교 1학년, 내 성적표의 등수란에는 한 자릿수가 적혔다. 게다가 그 숫자는 점차 줄어들어 마침내 나는 빙상 경기장에서가 아닌 성적표에서 1등을 다시 되찾을 수 있었다. 그리고 그 성적표를 받아 든 내 어머니는 말없이 나를 꼭 안아 주시며 이렇게 말씀하셨다.

"고생했다. 포기하지 않아 줘서 고맙다."

2011년 가을, 나는 보란 듯이 대한민국 최고의 이공계 대학인 한국과학기술원의 합격증을 당당히 받아 들었다. 나의 모교에는 "축 카이스트 합격"이라는 글자가 쓰인 현수막이 시원한 가을바람에 펄럭였다. 교정 어디에서건 수많은 사람들의 축하를 받았다.

나는 그때부터 '운동하다 온 애'가 아닌 '공부 잘하는 애'로 불렸다. 사람들의 기억 속에서 영원할 것만 같았던 내 선수 시절 새드 엔딩 스토리는 너무하다 싶을 정도로 쉽게 잊혀졌다. 그들이 기억하는 나는 그저 명문대 합격이라는 해피 엔딩을 쟁취한, 대한민국의 수많은 고3 중 하나일 뿐이었다. 하지만 누구의 기억에 어떤 사람으로 남는 것이 대수랴? 나는 비록 다른 분야일지라도 끝끝내 대한민국 최고의 무리에 한 번 더 속하게 되었고, 지금은 내 과거를 웃으며 글로 써 내려갈 수 있는 대인배가 되었다.

괜찮아, 조금 쉬어 가도 괜찮아

나는 카이스트에 입학한 지금도 과제와 퀴즈에 급급한 친구를 보며 "괜찮아. 쉬어 가면서 해."라고 말을 건넨다. 물론 마감 기한을 코앞에 둔 친구에게는 터무니없는 소리일지 몰라도 대부분의 친구들은 나의 그 한마디에 "쉴 시간이 없어."라고 한숨을 쉬면서도 기지개를 크게 켜고 싱긋이 웃곤 한다.

바로 그거다. 모니터를 보면서 열심히 타자를 치다가도 친구와 웃으며 농담 몇 마디를 주고받고 큰 기지개를 켤 수 있는 것. 비록 찰나의 여유일지라도 친구의 그 큰 기지개를 보면 왠지 나까지 개운해지는 느낌을 받는다. 그래서 이 개운한 느낌을 나뿐만 아니라 목표를 향해 달려가는 모든 학생들이 느꼈으면 하는데 현실은 너무나도 상반된다. 대한민국에서 학생으로 살아간다는 것 자체가 어쩌면 그들이 기지개를 켤 여유마저 앗아 가 버리는 것은 아닐까.

대한민국 대다수의 학생들은 쉴 틈이 없다. 학교가 끝나면 학원에 가야 하고 주말은 곧 특강을 듣는 시간이다. 이들에게 공휴일의 '휴'는 쉴 휴(休)가 아닌 그들의 긴 한숨 소리가 되었고, 졸업이라는 해방을 기다리며 숨을 고르지도 못한 채 또다시 달릴 준비를 할 뿐이다.

찰나의 실수로 이들의 성적표에 오점이 기록되면 죽을죄를 지은 것처럼 벌벌 떨고 눈물을 흘린다. 또 이런 약해 빠진 모습에 이들의 부모는 불같이 화를 내며 더 많은 잔소리를 하고 더 많은 학원을 보내려 한다. 모두들 그 오점이 일으킬 수 있는 부정적인 파장만 언급할 뿐, 어느 누구도 "괜찮다, 쉬엄쉬엄 해라."라는 말을 건네지 않는다.

나 역시 그랬다. 7년간 선수 생활을 하며 나도 모르게 '쉬면 뒤처진다.'는 편견에 사로잡혀 있었다. 뒤돌아볼 여력이 없었고 내 스스로를 재촉했다. 내가 노는 시간에 누군가가 나를 따라잡을 것이라는 불안감에 사로잡혀 있었고 그렇게 7년을 버텨 왔다. 하지만 나는 그 불안이라는 굴레 안에서 결국 탈출했고 끝내 성공했다.

공부를 시작하면서, 7년간의 꿈과는 전혀 상반된 꿈을 꾸기 시작하면서, 어느 누구도 날 재촉하거나 압박하려 들지 않았다. 전처럼 1등만을 바라지도 않았고 내가 노력하는 모습을 묵묵히 응원해 주었다. 물론 대다수의 사람들이 그랬던 것처럼 "운동하던 애가 공부를?"이라고 비웃으며 내게 큰 기대를 하지 않았기 때문일 수도 있다.

하지만 결과적으로 그들이 내게 보낸 응원과 격려는 오히려 내가 '공부'라는 새로운 일에 더 집중하고 마음의 여유를 가질 수 있게 하는 계기가 되었다. 잠깐 뒤처지거나 밀려나는 것에 연연하지 않게 되었고 '몇 등 안에 들지 않으면 안 된다.'라는 나 자신만의 감옥을 만들지도 않았다. 그저 내가 원하는 만큼, 내가 하고 싶은 만큼, 내가 후회하지 않을 만큼 노력했을 뿐이다. 20년 뒤의 내가 과거의 나를 후회하며 살지 않기를 바랐을 뿐이다. 즉 내 성공의 키워드는 '여유'다.

노력하는데도 성적이 오르지 않는 시기를 흔히들 '슬럼프'라고 말한다. 그리고 그 기간 동안 슬럼프 탓을 하며 자기 스스로를 자책하고 자신을 더 채찍질한다. 더 앞으로 나아가야 하는데 불안감과 조급함이라는 벽에 막혀 이를 슬럼프라 칭하며 전전긍긍하는 학생들의 모습이 안타까울 뿐이다. 꿈을 꾸는 모든 학생들이 여유를 가졌으면 좋겠다. 한숨 돌리는 여유를 가지며 다시 한 번 크게 도약할 수 있도록 발판을 마련하는 시간을 가졌으면 좋겠다. 학생 자신이 생각하는 여유뿐만이 아니다. 학생들의 성공을 응원하는 주변 사람들 역시 여유를 갖고 그들을 지켜보며 격려 한마디를 건네는 것. 바로 그게 학생들이 여유를 가질 수 있게 해 줄 것이다.

자신이 최고인 줄만 알았던 고등학교를 졸업하고 수천 명의 최고들이 모인 카이스트라는 집단에 발을 내딛은 많은 신입생들을 비롯한 학우들, 난생처음 받아 보는 등수와 점수에 소스라치게 놀라 최고의 자리를 멍하니 올려다보는 신세가 되었던 과거의 나 그리고 나와 같은 경험을 하게 될 그 많은 최고들, 그들에게 나는 이렇게 말하고 싶다.

"잘하고 있고, 잘해 왔어. 그러니 조금 쉬어 가도 괜찮아."

* 이 이야기는 필자의 실제 경험을 바탕으로 새로이 각색한 '픽션'임을 밝힙니다.

과학의 아이러니

생명과학과 11 조정훈

흔히 수학과 과학에는 언제나 명쾌한 답이 존재한다고들 이야기한다. 이러한 말은 이공계와 비이공계의 학문을 구분할 때에 자주 사용하는 표현이기도 하다.

고등학생 시절 이과를 선택해 학교를 졸업하고 대학에 진학할 무렵, 나 또한 이 이야기에 물음표를 달지 않았다. 그때까지 공부해 왔던 수학과 과학은 내게 언제나 명료한 길과 간단한 해답을 보여 주었고 앞으로도 그럴 것이라고 의심 없이 굳게 믿고 있었기 때문이다. 그렇기 때문에 나는 과학이 나에게 주어진 어떠한 문제들에 대해서도 명확한 해답을, 그리고 내가 가진 어떠한 희망들에 대해서도 간단한 해결책을 내줄 것이라고 믿었다.

그러나 대학 입학 후 본격적으로 '과학'을 공부하기 시작하고서 그러한 표현이 얼마나 잘못됐는지를, 그리고 동시에 다른 의미에서 얼마나 정확한 표현이었는지를 깨닫는 데에는 몇 번의 방황과 좌절, 몇 번의 깨달음이 필요했다.

내 생각과는 달랐던 '진짜 과학'

우선 나의 전공인 생명과학에 대해 이야기해 보자. 대학에 입학하기 전까지 생명과학은 내게 마치 마법과도 같은 것으로 여겨졌다. "충분히 발달한 과학기술은 마법과 구별할 수 없다."라는 공상과학 소설가 아서 C. 클라크의 말처럼, 유전자조작이나 줄기세포 기술 같은 공상과학 소설 속에나 나올 법한 여러 혁신적인 과학기술들 그리고 자연과학과 공학의 경계선에 있는 복잡 미묘한 특성 등은 나를 생명과학의 세계로 이끌었다. 불치병 치료법 개발과 같이 인류가 직면한 여러 가지 해결할 수 없는 문제들에 대한 해답을 내놓을 수 있을 것이라는 부푼 기대도 가졌다.

그러나 처음 내가 발견한 것은 이러한 기대들과는 동떨어진 현실이었다. 첫 번째 좌절은 전공 지식을 익히기 시작하자마자 찾아왔다. 지금까지 키워 왔던 나의 기대와는 전혀 다른 종류의 것들이 나를 기다리고 있었기 때문이다.

지금은 충분히 이해하고 있지만, 그 어떤 학문이든지 학부 시절에 처음으로 배우는 전공 지식은 앞으로 배울 더 높은 단계의 지식들을 익히기 위해 알아야 할 보다 기초적이고 기본적인 것들에 초점이 맞춰져 있다. 어떤 분야에서든 창의적이고 혁신적인 결과를 만들어 내려면 기초가 탄탄해야만 하듯이, 과학 또한 도전적인 문제들을 해결하기 위한 단계에 들어서려면 기초적인 것들을 제대로 배워 두어야만 한다. 이 말은 즉, 신입생 시절의 내가 기초적인 전공 지식을 익히는 동안에는 내가 어렸을 때부터 기대해 왔던 마법과도 같은 일들이 일어나지 않는다는 뜻이었다. 그러나 아직 그런 사실을 알지 못했던 신입생에게 기초를 다지는 과정은 다분히 따분해 보였고 그 시간이 마치 돌이킬 수 없는 재앙과도 같았다. 분명 엄청난 일들이 일어날 줄 알았던 나의 기대와는 상당히 어긋나는 일이었다.

이러한 첫 번째 좌절에 관해서는 시간이 약이었다. 생명과학을 본격적으로 공부한 지 몇 학기가 지난 뒤에야 나는 이 좌절로부터 벗어날 수 있었기 때문이다. 신입생의 좁은 시야에서 벗어나 지루할 뿐이라고 생각했던 기초적인 전공 지식을 배워 나갈수록 더 높은 단계의 지식이 눈에 들어오기 시작했다. 입학 후 몇 년이 지나고 나서는 그러한 지식을 단계적으로 익히고 나면 나의 꿈과 기대를 충족시킬 수 있는 지식에 한 걸음 더 다가갈 수 있으리라 생각하게 되었다. 덕분에 나는 전공 공부를 포기하지 않을 수 있었다.

지금도 또렷하게 기억나는, 어느 전공 수업 시간에 교수님이 해 주셨던 조언도 도움이 되었다. 지루한 공부를 계속하고 기초적인 지식을 철저히 익히다 보면 자신도 깨닫지 못하는 사이에 새로운 경지에 다다르게 되고 그때에야 비로소 여태까지는 알 수 없었던 새로운 것들이 보인다는 말씀이었다. 교수님이 하신 말씀의 뜻을 미약하게나마 느낄 수 있었던 나는 다시 희망에 가득 찬 나날을 보내게 되기를 기대하고 있었다. 하지만 기쁨도 잠시, 새로운 좌절이 나를 기다리고 있었다.

문제는 해결하는 것이 아니라 발견하는 것

여러 생명과학 지식을 배워 가면서 나는 자연스레 더 높은 단계의 지식을 쌓아 가기 위해 노력하게 되었다. 그러나 과학 지식을 배워 갈수록 깨달은 또 하나의 새로운 사실이 있었다. 그것은 바로 과학을 한다는 것, 혹은 과학자가 된다는 것의 진짜 의미였다. 진정한 과학자가 해야 하는 일은 주어진 문제를 해결하는 것이 아니라 그 이전에 문제를 스스로 발견해 내는 데에서 시작한다는 것이었다. 이 두 번째 좌절이야말로 내게 크나큰 혼란을 주었다. 문제를 스스로 발견해 내야 하고, 그리고 해답이 존재하지 않는 문제들도 있다는 사실은 내게 새로운 충격으로 다가왔다.

앞서 이야기했지만, 여태까지 과학은 내게 명쾌한 해답을 제시해 주는 도구와도 같았다. 지금까지 언제나 그렇게 생각해 왔고, 더군다나 대학에 들어와 새로운 지식을 배워 나갈 때에도 거기에는 언제나 나를 위해 준비된 정답이 존재했다. 하지만 더 높은 단계의 지식을 배우기 시작하자 답이 준비되지 않은 문제들이 나타나기 시작했다. 알 수 없는 이유, 알 수 없는 해답, 알려지지 않은 문제가 하나둘 나타나자 나는 고민에 빠져들었다.

여러 문제들에 대한 해답을 찾기 위해 과학을 공부하기 시작했던 내게 이러한 의문은 신선한 충격과 동시에 심각한 문제가 되었다. 내가 여태까지 발견해 냈다고 생각했던 정답들은 모두 이미 누군가가 미리 발견해 두었던 해답들이었다. 거인의 어깨에서 세상을 바라보라는 말이 나에게는 좌절을 안겨 주었다. 그렇게 생각하자 여러 의문이 떠오르기 시작했다. 내게 과학이란 무엇이었을까? 과학이 내가 가진 의문에 대해 어떤 해답도 가지고 있지 않다면 이제 내게 과학은 어떤 의미일까? 이러한 의문이 꼬리에 꼬리를 물었고 그런 질문들에 대해 나는 어떠한 결론도 내릴 수가 없었다. 결국 나는 공부를 계속하는 대신 당분간 학교를 떠나기로 결심했다.

과학의 여러 얼굴들

나는 1년간 휴학을 결정했다. 그리고 휴학 기간 동안에 내게 생긴 새로운 의문들에 대한 해답을 찾기 위해 노력했다. 과학과는 무관해 보이는 철학이나 인문학을 공부해 보기도 했고 전공과는 전혀 다른 분야의 과학을 공부하기도 했다. 다양한 분야의 사람들을 만나기 위해 노력했고 그 사람들과 대화를 나누며 학교 밖의 사람들이 과학에 대해 어떻게 생각하고 있는지 묻기도 했다. 이러한 과정을 통해 사람들이 과학을 어떻게 받아들이고 있는지 알아보았고, 나 자신이 앞으로 과학을 어떻게 받아들여야 할지도 고민했다.

평소와 다르게 조금 떨어진 거리에서 문제를 바라보고 고민했기 때문이었는지는 모르겠지만 휴학 기간이 지나면서 과학에 대한 내 관점은 조금씩 변해 갔다. 내가 생각했던 것보다 과학은 여러 방면에 걸친 다양한 모습을 가지고 있었고 사회 전반의 인식 속에서 다양한 모습으로 나타나고 있었다. 많은 사람들이 공상과학을 즐겼고 여러 원인으로부터 발생하는 사회적인 문제들에 대한 해답을 과학에서 찾기도 했다.

신기하게도 과학과는 전혀 관련이 없을 것 같았던 인문학 안에서도 과학에 대한 여러 고민을 찾아볼 수 있었으며 무엇보다도 그 어떤 문제들에 대해서도 완벽한 정답, 혹은 해결책이 존재하지 않는다는 사실을 깨달았다.

이러한 과학의 아이러니에 대한 깨달음은 나를 다시 학교로 돌아갈 수 있게 했다. 과학을 이제까지와는 다른 새로운 관점에서 바라보자 새로운 고민도 예전만큼 어렵게 느껴지지 않았다. 과학이 모든 의문에 대한 해답을 제시해 줄 수 없다는 사실을 인정하게 된 것이다. 그렇다고 해서 과학이 내가 가진 문제들에 대해 어떠한 해답도 제시해 줄 수 없는 것은 아니었다. 말하자면 과학은 해답 그 자체가 아니라 해답으로 향하는 길을 보여 줄 수 있는 만능 도구였다.

예를 들어, 특정 질환에 대한 치료법을 개발하기 위한 연구를 진행한다고 하자. 여태까지 연구가 진행되지 않은 분야이기 때문에 당연히 이미 존재하는 해답은 없다. 그렇지만 과학을 도구로 삼아 연구를 하다 보면 해답에 도달할 수 있는 가능성을 발견하게 되고, 그러한 가능성에 매달리다 보면 언젠가는 새로운 해답을 제시할 수 있는 결과를 낼 수 있다. 이러한 사실은 과학에 대한 나의 의문을 다시금 해소해 주었다. 한동안 어지러웠던 과학에 대한 나의 시선이 조금씩 정리되는 느낌이었다.

내가 깨달은 과학의 본질

내가 깨달은 과학의 아이러니는 말하자면 이런 것이다. 나는 과학에는 언제나 명쾌한 해답이 존재할 줄만 알았지만, 그렇지 않다는 사실을 깨달았다. 다만 과학은 문제 해결의 도구가 되어 줄 뿐이라는 사실을 알았다. 하지만 그렇다고 해서 과학이 가진 무한한 가능성이 줄어들거나 우리가 가진 문제들에 대한 해답을 발견할 수 없게 된 것은 아니다. 여전히 과학은 과학일 뿐이고, 과학의 본질과 가능성 또한 변하지 않기 때문이다.

다음과 같은 사실을 알기까지 몇 번의 좌절과 깨달음이 있었지만, 이제는 확실히 알고 있다. 과학은 만능의 마법 상자가 아니다. 과학은 사실 우리에게 아무런 해답도 제시해 주지 않는다. 그렇다면 과학은 무엇일까? 과학은 바로 길이다. 그리고 과학을 통해 해답을 찾아야 하는 것은 나 자신이다. 새로운 질문을 던지고, 그 과정에서 열렬히 고민하고, 논리적인 해답을 찾아 아름다운 해결책을 제시하는 것이야말로 과학이다. 과학자가 걸어가야 할, 목표를 향한 길이 되어 주는 것이 바로 과학이다.

시작하기 전에 모든 것을 안다면

전기및전자공학부 14 남홍재

나는 공돌이다

맞다. 체크무늬 남방을 자주 입고, 매주 쏟아지는 과제에 시달리며, 시시껄렁한 이과생의 농담에 웃는 그 공돌이. 내가 배우는 전공과목들은 수학으로 어떤 현상을 표현하고 미래에 일어날 현상을 예측한다. 여기서부터 공돌이는 재미가 없다. 누군가 내가 보지 못한 반전 영화의 줄거리에 대해 죽 읊는다면 기분이 어떨까? 포장을 뜯지 않은 상자에 어떤 선물이 들어 있을지 알고 있는 시시한 상황처럼, 숫자의 예측은 미래에 대한 새로움을 덜어 내고 만다. 하지만 공돌이는 숫자를 가지고 미래에 대해 죽 읊는 사람이기 때문에 정이 뚝 떨어질 수밖에…….

사실 내가 숫자와 친해진 것은 얼마 되지 않은 일이다. 고등학교 입학 전까지만 해도 숫자로 계산해서 딱 떨어지는 객관식 과학 문제보다

인과관계를 글로 풀어내는 서술형 과학 문제가 더 재밌었다. 그런데 고등학교에 입학해 보니 물리, 화학, 지구과학, 정보과학 등 대부분의 과목들이 수학을 통해 현상을 정의하고 인과관계를 설명했다. 배운 이론들을 이해하려면 기호와 숫자를 통한 연산들에 익숙해져야 했기 때문에, 그것들을 직접 머리와 손으로 경험하는 데 고등학교 생활 대부분을 쏟아부었다.

공부를 하지 않을 때는 많은 시간을 로봇 동아리에서 보냈다. 블록으로 로봇을 조립하고, 주어진 문제를 해결하기 위해 알고리즘(algorism, 어떤 문제의 해결을 위해 입력된 자료를 토대로 해 원하는 출력을 유도해내는 규칙의 집합)을 짜고, 다시 알고리즘을 수정해서 원하는 대로 로봇이 동작하게 만드는 일은 호기심을 불러일으키기에 충분했다.

로봇 동아리 활동은 로봇 공학자라는 내 꿈에 영감을 불어넣어 주었고, 학업에 지친 마음도 달래 주었다. 돌이켜 보면 과학고등학교에서의 학업과 로봇 제작이라는 활동이 새롭게 느껴졌기 때문에 도전하고, 실패하고, 스스로 잘못을 수정하고, 다시 도전해서 성취하는 과정 전부가 즐거웠다.

그런데 고등학교를 졸업하고 대학에 와 보니 나는 2년 동안 이과에만 관심을 가진 사람이 되어 있었다. 하나의 목표에만 몰두했다는 것은 자랑스러운 일이었지만 2년 동안 하나의 생각만 했다는 사실이 부끄럽기도 했다. 대학교 새내기가 되면 세상이 확 바뀔 줄 알았는데, 이과 과목의 수업을 듣고, 기숙사에서 생활하고, 친구들과 노는 것은 마치 고등학교의 연장선 같았다. 이과에 관한 경험만 하다 보니 대학 생활에 단조로움을 느꼈고 반복되는 내용들에 조금씩 싫증이 나기 시작했다. 유일하게 새로웠던 것은 음주의 기분을 알게 된 것 정도라고나 할까?

어느 날 '앞으로 공학을 공부하면 늘 예측하는 일이 일상이 될 텐데, 예측 불가능한 새로움을 못 찾는다면 지루함에 미치지 않을까?' 하는 의문이 들었다. 어떻게든 새로운 것을 찾아 실천해 보고 싶었다. 그날부터 내가 20년 동안 관심을 기울이지 않은 것들을 곰곰이 고민하기 시작했다.

새로운 경험, 순수 미술 동아리 그리미주아

문득 내 고등학생 시절 2년 동안 미술을 배운 적이 없다는 사실이 떠올랐다. 예술과 관련된 활동이 전혀 없었다는 것은 고등학교 생활에 회의를 느끼게 했다. 미술과 연관된 기억을 억지로 쥐어짜다가 지칠 즈음, 얼핏 머리 한구석에서 소소한 경험이 떠올랐다.

고등학교 청소 시간에 피아노가 있는 공용 작업실 비슷한 공간을 맡아 청소했는데, 그곳에 물감이 묻은 미술 작업용 싱크대와 먼지 묻은 흉상들이 있었다. 사용하는 사람 하나 없이 우두커니 있는 흰 흉상을 보고 있으면 가끔 붓이나 연필로 뭔가를 그려 보고 싶다는 생각이 들곤 했다. 매일 뜬구름같이 스쳐 가는 생각이었을 뿐 실천을 해 본 적은 없었는데, 시도해 보면 여태까지 몰랐던 것들을 느낄 수 있을 것 같았다.

나는 그렇게 순수 미술 동아리 '그리미주아'에 들어갔다. 중학교 졸업 이후로 4B 연필 한번 잡아 본 적이 없고, 붓 한번 들어 본 적 없는 내가 동아리 연습 첫날에 할 수 있는 것은 별로 없었다. 몇 번 선을 끄적이다가 '금손' 선배들과 친구들이 쓱쓱 그려 내는 습작들을 구경하는 일이 전부였다. 세세한 명암과 대충한 듯해도 정확한 구도를 연필 한 자루로 담아내는 모습을 보고 있으면 저절로 감탄이 나왔다. 하지만 막상 미술 동아리에 들어가 부원으로 활동하려고 보니, 아무것도 할 줄 아는 게 없어 마음 한구석이 불편했다. 새내기 부원으로서 5월과 11월에 꾸역꾸역 그림을 그려 동아리 전시회에 두 작품을 출품하고 나니 실력 차가 더욱 확실하게 드러났다. 마음 한편으로는 동아리 부원으로서 자격이 없다는 생각도 들어 괜한 자격지심이 들었다.

다른 동아리 부원들의 그림을 보고 있으면 '내가 그리미주아 부원이 맞나?' 하는 회의감도 들었다. 그런데 이대로 그림 그리기를 포기한다면 앞으로 영영 새로운 일에 도전할 수 없을 것만 같았다. 나도 스스로 그림을 그리고 내 상상을 표현해 보고 싶었다. 나는 여름방학 때부터 동아리에서 귀동냥했던 지식들을 끌어모아 습작을 시작했다. 우선 4B 연필 깎는 법을 찾아보고, 본격적으로 A4 용지에 아무거나 그리고 싶은 것을 그려 보기 시작했다. 적어도 2주에 한 번은 그림을 그리겠다는 다짐을 실천하는 과정에서 두 번의 충격이 찾아왔다. 그 두 번의 충격은 내가 그림과 삶을 대하는 방법을 송두리째 바꾸어 놓았다.

시작하기 전에 어떻게 될지 안다면

첫 번째 충격은 동아리 선배가 동아리 정기 모임 시간에 했던 아크릴 그림에 대한 이야기를 들으면서 찾아왔다. 평소에는 떠들썩하고 활발한 선배가 그림 이야기를 하면서 누구보다 진지해지는 모습을 보고 놀랐는데, 그 선배가 그림을 그리는 방법에 대한 이야기를 듣고서 더 큰 충격을 받았다. 평소 그림이라면 연필과 붓으로만 그린다고 생각했는데, 동아리 선배는 아크릴 물감을 페인팅 나이프로 칠해서 그린다고 했다. 페인팅 나이프로 그린 그림들이 때론 바위 같은 느낌을 주고, 때론 불꽃같은 느낌을 주는 것을 보면서, 그리는 방법에 제한을 두고 있었던 나는 신세계를 발견한 것과 같은 두근거림을 느꼈다.

다음 날 A4 용지에 4B 연필로 인디언의 얼굴을 스케치해 보고, 주말에 인디언의 얼굴을 캔버스에 페인팅 나이프로 그려 보았다. 모든 것을 세밀하게 표현하는 연필이나 붓과는 다르게 거친 느낌을 주고, 때로는 우연에 질감을 맡겨 표현하는 방식이 흥미로웠다. 나는 서서히 인디언의 모습이 완성되어 가는 과정을 경험하면서 보람을 느꼈다. 페인팅 나이프로 그림을 그리면서 자와 각도기처럼 그림을 그리려 했던 내 자신의 문제점을 찾았고, 겁 없이 아무렇게나 마음대로 그림 그리기를 시작할 수 있었다.

두 번째 충격은 〈랄프 스테드먼 스토리(For No Good Reason)〉라는 다큐멘터리 영화를 본 이후에 찾아왔다. 랄프 스테드먼이라는 영국 화가의 일생과 그림에 대해 다룬 작품이었다. 랄프 스테드먼은 “그림을 배운 이유는 무기로 활용하고 싶어서였다.”라고 말했다. 실제로 그의 작품들은 순수한 아름다움과는 거리가 멀었으며, 자극적으로 사회를 풍자했고, 때로는 끔찍했다.

그런데 갑자기 랄프 스테드먼이 내게 “시작하기 전에 어떻게 될지 안다면 그것을 해 보는 이유는 무엇인가?”라는 질문을 던졌다. 고등학교 때부터 늘 결과를 정확하게 예측하는 방법에만 익숙해져 있던 나에게 이 질문은 뒤통수를 망치로 치는 것 같은 충격을 줬다. 그 질문을 들은 순간 멍해졌고 이때까지 뭔가 잘못 생각했다는 느낌이 퍼뜩 들었다. 공돌이는 뭔가 예측하고 '재 보는 것'에 익숙하다. '이러면 안 될까? 저러면 안 될까?' 항상 해결책과 안전장치를 찾기 위해 고민한다. 하지만 연륜 있는 영국 화가의 질문은 그렇게 모든 것을 예측하고 실행했을 때 잃어버리는 것은 없는지 묻고 있었다. 다큐멘터리 영화를 끝까지 보면서 자로 잰 듯 짜인 인생을 기계처럼 그대로 따라 사는 것보다, 모르는 것에 도전하고, 예상할 수 없는 결과를 찾고, 그것을 충분히 이해해 보는 과정에서 사람 냄새가 난다고 느꼈다.

나는 랄프 스테드먼이 그림을 대하는 자세에서 영감을 얻어 내가 가지고 있던 근본적인 문제를 해결할 수 있었다. 꼭 그림이 아름다울 필요는 없으며, 자로 잰 듯이 깔끔할 필요도 없다는 사실은 '잘 그려야 한다.'는 이유 없는 강박관념을 깨뜨리기에 충분했다. 나는 그날부터 랄프 스테드먼의 그림을 따라 그려 보기도 하고, 지우개 없이 A4 용지에 스케치를 해 보기도 하고, 바닥에 신문지를 깔고 물감을 튀기는 방식으로 그림을 표현하기도 했다. 내게 맞는 표현 방법을 찾는 것은 항상 새롭고 즐거웠다. 일단 계획 없이 진행을 하면 어떤 식으로든 결과가 나오기 때문에 모든 과정이 가치 있었다.

더 나아가 그림을 대하는 자세는 인생을 대하는 자세에도 영향을 주었다. 앞으로 다가올 일을 모르기에 미래가 값지다는 생각은 꿈을 이루기 위해서 어떤 것을 해야 할지에 대한 쓸데없는 고민과 걱정을 줄여 주었다. 때로는 틀에 짜인 일상의 계획표에 벗어나 감정에 따라, 우연에 따라 하루를 맡겨 보는 것도 내게 행복을 가져다주었다.

삶은 지우개 없이 그리는 그림

처음 그림을 그릴 때 내가 느낀 감정은 '실패했다.'는 것이었다. 다른 친구들에 비해 재능도 노력도 부족했고, 어떻게 부족함을 극복해야 할지도 몰랐다. 하지만 꾸준한 관심 속에서 새로운 방법들을 발견하고 시도했을 때, 나는 실패를 극복하고 나만의 방법을 찾을 수 있었다. 나는 '잘 그려야지.'라는 강박관념 때문에 남들이 그리는 방법, 남들이 그리는 그림을 따라 하려 했고 그 과정에서 스트레스를 받았다. 하지만 '잘 그려야지.'라는 생각을 버리고 내 자신의 감정에 충실하자 그림을 그리는 과정이 즐거워졌고, 그 과정 자체가 소중했다. 이런 점으로 미

<앉은 소>, 4B, 2014년 습작.

루어 보아 '실패'는 '성공'에 집착했을 때 나오는 그림자 같은 존재다. 성공이라는 빛을 좇으면 결과에 집착하게 되고, 만족스럽지 못한 결과는 실패라는 그림자로 더욱 뚜렷하게 드리워진다. 하지만 빛 때문에 생긴 그림자가 시원하게 쉬어 갈 그늘이 될지 어떻게 알겠는가? 무언가에 도전했을 때 어떻게든 나온 결과는 그 과정만으로도 충분히 가치 있다.

지금 내 습작들을 꺼내 보니 2014년에 그린 그림과 2016년에 그린 그림은 확실히 다르다. 하지만 2014년에 아무렇게나 연습해 본 그림이 없었다면 2016년에 그린 그림도 없었을 것이다. 만약 내게 실패라고 불린 과정이 없었다면 영원히 그림을 그리는 즐거움을 알지 못하고 지냈을 것이다. 물론 주어진 정보를 최대한 활용하고 최선의 방법을 택하는 게 굉장히 중요하다는 것을 부정하고 싶지는 않다. 하지만 단순한 글

<From Ralph steadman>, 4B, 2016년 2월 29일 습작.

자와 말, 숫자에 지레 겁먹고 아무것도 시도해 보지 않는 것은 오히려 새로운 것에 도전하고 실패를 겪는 것보다 못하다. 미래가 두려워 아무것도 해 보지 않는 게 진짜 실패 아닐까? 새로운 일에 도전했을 때 잘하지 못한다고 해서 나쁜 것은 아니다. 오히려, 기계와 구별되는 사람다움은 어떤 실수가 있었는지 살펴보고 새로운 방법을 시도해 가면서 하루하루 발전하는 것에서 느껴진다.

끝으로 스물한 살인 내가 인생을 바라보는 관점을 이야기해 보고 싶다. 우리의 삶은 지우개 없이 그리는 그림과 비슷하다. 흰 종이에 죽 그은 선들과 콕 찍은 점들은 한 번 그리고 나면 되돌릴 수 없다. 하지만 그 선들과 점들에는 분명 의도가 담겨 있다. 어쩌면 무의식 속에서 우연찮게 그려진 것일지도 모른다. 하지만 그 선에 대한 느낌은 분명 생생하게 살아 있다. 결국 수많은 점들과 선들이 모여서 점점 한 모습을 만들어 가는 것이 삶이라는 작품이다.

시작하기 전에 모든 것을 안다면 그것을 하는 이유는 무엇인가? 예측할 수 없는 것들에 도전하고 얻은 결과는 언제나 값지다. 누구나 새로운 것을 시도했다가 실패할 수 있다. 하지만 그 실패라는 단어가 주는 무게에 짓눌리지 않고 실패를 경험 삼아 계속 도전하는 자세가 인생을 지탱하는 큰 버팀목이 되어 주리라고 믿는다.

'선택과 집중' 참 뻔하고 흔한 충고

생명과학과 12 신우연

문제의 외재(外在)화

2012년 어느 가을날 아침, 내 마음이 긴급한 상황에 처했음을 알아챘다. 눈을 뜨는 순간부터 눈물이 멈추지 않아서 엉엉 소리 내며 울어야 했다. 심장이 저려서 주먹으로 가슴을 치지 않으면 숨을 쉴 수가 없었다. 오전 수업이 있었지만 그 상태로는 도저히 갈 수 없었다. 몸의 상처와는 달리 마음의 문제는 잘 드러나지 않는다고 생각했었다.

아무래도 잘못 생각했었나 보다. 나는 눈물이 흐르는 얼굴을 가리고 다급히 건강관리실로 달려갔다. 나는 하얀 가운을 입은 선생님을 붙잡고 "눈물이 멈추질 않아요. 도와주세요!" 하고 외쳤다. 선생님은 당황한 표정이 되어 나를 구석방으로 데려가 앉히셨다. 그리고 이미 몇 주 전부터 예약이 꽉 찬 상담실에 무작정 전화해서 나를 집어넣어 주셨다.

내가 그런 식으로 폭발해 버린 것은 갑자기 일어난 사고가 아니었다. 계속해서 쌓여 온 문제들을 더 이상 감당할 수가 없어서 무너진 것이다. 당시에는 어디서부터 무엇이 잘못되었는지 알 수가 없었다. 때문에 내 자신을 처음부터 다시 되짚어 가며 문제를 해결해야 했다. 그 과정에서 나는 부끄럽고 한심하고 계속 실수하는 어린애 같았다. 지금의 나는 그때와는 완전히 달라졌지만 놀랍게도 처음의 문제들은 여전히 남아 있다. 내가 발전한 점은 대응하는 태도가 달라졌다는 것이다. 나는 2012년 절망의 구덩이에 스스로 걸어 들어갔던 것부터, 차근차근 여기까지 변화해 온 이야기를 하고 싶다.

문제의 시작

나는 고등학교에서 대학과목선이수제(대학 수준의 교육과정을 미리 이수하고, 이수 결과를 대학 진학 후 학점 인정으로 활용하는 제도)로 기초 과목 학점을 많이 받아 왔다. 덕분에 1학년 때 필수로 들어야 하는 수업이 별로 없었다. 나는 패기 넘치는 신입생이었다. 어떤 과목이 듣기 좋은지 선배들에게 물어볼 생각은 하지도 않았다. 자동으로 짜인 시간표에는 일반 실험과 미적분학 같은 것들이 이미 들어가 있었다. 카이스트 학생이라면 이 과목들만으로도 얼마나 힘든지 알 것이다. 나는 아무것도 모른 채 신나서 과목명만 보고 듣고 싶은 것들을 빈자리에 무작정 채워 넣었다. 그중에는 고학년 대상 전공과목도 있었고, 어렵기로 유명한 교양과목도 있었다.

나는 대학 생활을 즐기기 위해서는 당연히 동아리 활동도 해야 한다고 생각했다. 하지만 들어가고 싶었던 동아리 두 군데에 지원했다가 떨어졌다. 이미 다른 동아리들은 대부분 지원 기간이 끝난 때여서 더 이상 갈 곳이 없었다. 실망하고 있던 차에 한 학번 위 친구의 도움으로 가까스로 동아리에 들어갈 수 있었다. 겨우 들어간 동아리는 너무 재밌었다. 동아리 사람들과도 마음이 잘 맞아 금방 가까워졌다. 우리는 의욕에 넘쳐서 일주일에 네 번씩 모여 동아리 활동을 했다. 주말 중 하루는 대부분 통째로 동아리를 위해 썼다.

대학 생활의 세 가지 요소를 꼽으라면 보통 학업, 동아리, 연애를 꼽는다. 앞의 두 가지를 얻기 위해 고군분투하던 스무 살의 나는 이미 연애도 하고 있었다. 고등학생 때부터 만나 오던 남자 친구는 나와 다른 대학으로 진학했다. 우리는 어쩔 수 없이 장거리 연애를 하고 있었다. 장거리 연애는 시간과 노력이 많이 필요한 일이었다. 나의 주말 중 하루는 동아리, 하루는 남자 친구 차지였다. 그 틈에도 나는 새터반 친구들 그리고 동아리 사람들과의 술자리를 놓치지 않으려고 애썼다. 자연히 남자 친구와 만날 수 있는 시간은 계속 부족해졌다. 어쩌다 남자 친구가 대전에 와도 함께 자습실에 앉아 밤새 과제를 하곤 했다.

나는 내 생활을 유지하기 위해 끊임없이 잠을 줄였다. 평일에는 책상 앞에서 엉덩이 한 번도 떼지 않고 해 뜨는 것을 보는 게 일상이었다. 잘 때는 오래 잘 수 없도록 맨바닥에 배를 깔고 잤다. 피곤한 상태로 동아리에 나가면 찌푸린 얼굴로 신경질을 부렸다. 잠이 너무 부족할 때는 주말에 남자 친구를 만나는 것도 포기했다. 어쩌다 집에라도 가면 하루 종일 잤다. 당시에는 그렇게 하는 것이 나에게 최선이라고 생각했다. 어느 순간부터는 새벽 4시에 과제를 하면서 우는 일이 잦아졌다. 문제가 꼬리에 꼬리를 물고 증폭되어 나를 서서히 갉아먹었다.

문제의 원인

만약 내가 그때로 돌아가 한 가지만 얻을 수 있다면 나는 망설임 없이 잠을 선택할 것이다. 잠이 부족하자 첫 번째로 건강을 잃어버렸다. 잠을 포기하면서 나는 운동도 전혀 하지 않았다. 운동할 힘이 나질 않았다. 친구가 좋아서 술도 참 많이 마시던 때였다. 하루 중에 생기 있게 느껴지는 시간이 점점 짧아졌다. 몸무게는 늘고 자세는 구부정해졌다.

두 번째로는 성격이 나빠졌다. 어릴 때부터 잠투정이 심한 성격이기는 했지만, 그 정도가 과해져서 사소한 일로도 사람들을 미워하고 계속 부딪혔다. 새터반과 동아리 이곳저곳에서 사람들과 감정이 상하는 일이 잦아졌다. 남자 친구에게는 말도 안 되는 투정을 계속 부렸다. 남자 친구는 인내심을 가지고서 받아 주려 애썼지만 괴로워하는 것이 눈에 보였다. 결국 가을에 동아리를 그만뒀다. 겨울에는 남자 친구와도 헤어지고 말았다.

마지막으로 모든 일에서 완성도가 떨어졌다. 잠이 부족해 체력이 고갈된 상태에서는 무엇이든 쉽게 포기하게 된다. 전공 과제와 동아리 작품 등 끝까지 힘을 가지고 마무리 지은 일이 하나도 없었다. 의욕을 가지고 시작한 모든 일들이 흐지부지 끝나는 바람에 나는 자신감을 잃어버렸다. 동아리는 중도에 포기했고, 눈물 때문에 수업도 못 갔으니 학점이 잘 나올 리가 없었다. 신나서 수강했던 과목들을 다 망쳐 버린 탓에 2학년 때 나는 다른 과로 전공을 바꿔서 수강 신청을 했다. 벌여 놓은 일들을 전부 망치다 보니 자존감이 바닥을 쳤다. 내가 쓸모없는 인간이라는 느낌에 심장이 저려서 가슴을 쳤다.

사실 수면 부족이 문제의 근본적인 원인은 아니었다. 굳이 원인을 하나로 압축하자면 '욕심'이라고 할 수 있겠다. 이렇게 내가 계속 허우적거리고만 있을 때 아버지의 한 마디가 나를 정신 차리게 만들었다.

"선택과 집중."

참 뻔하고 흔한 말이다. 그도 그럴 것이 이 말은 아버지께서 갑자기 꺼내신 게 아니라 이전부터 여러 번 해 주셨던 말이다. 내가 힘들다고 징징댈 때마다 "선택과 집중을 해야 한다!" 하고 반복해 말씀하셔서 고민 없이 형식적으로 조언하신다고만 생각했다. 나는 하고 싶은 건 전부 다 하려고 했었다. 밤새 과제를 하고 찬 바닥에서 잠을 자고 남는 시간을 문화생활에 쏟는 것만이 노력인 줄 알았다. 그러다가 어느 날 내가 하고 싶은 일들 중에서 해낼 수 있는 것만을 선택하는 것도 노력이라는 사실을 깨달았다.

변화의 시작

변화의 필요성을 절실히 느낀 나는 우선 노트에 내가 하고 싶은 일들을 전부 적었다. 파이썬(Python, 1991년 프로그래머인 귀도 반 로섬이 발표한 고급 프로그래밍 언어) 배우기, 수학책 한 권 공부하기, 괜찮은 프로그램 하나 만들기, 살 빼기, 그림 그리기, 기타 배우기, 영화 보기, 여행 가기……. 적다 보니 너무 많아서 노트 한 쪽을 가득 채웠다. 그다음에는 그 목록을 우선순위에 따라 정리했다. 그리고 5개만 남기고 까만 펜으로 다 북북 그어 버렸다! 자꾸 욕심이 나서 '하나 정도는 더 할 수 있지 않을까?' 하고 펜이 노트 위를 왔다 갔다 했다. 그러다가 큰마음 먹고 그냥 다 지워 버리고 5개만 새 페이지에 적었다. 별것 아닌데 거기까지가 가장 어려웠다. 그다음엔 일주일 계획표를 만들고 다섯 가지 일로 알차게 채웠다. 대학에 입학하고 처음 맞은 겨울방학을 위해 세운 계획표였다.

겨울방학이 끝날 때쯤에 나는 다섯 가지 중에서 겨우 한두 개만 그럭저럭 해낼 수 있었다. 조금 만족스러웠다. 아니, 사실 전혀 만족스럽지 않았다. 그렇지만 묵묵히 새로운 목록을 작성하고 이번에는 4개만 남기고 지웠다. 그 네 가지를 가지고 새 학기를 시작했다. 그 학기에도 한두 개만 해냈다. 그런데 그때는 꽤 만족스러웠다. 그때쯤부터 내가 북북 그어 버린 욕심들을 잊어버리고 남은 목록에 집중하는 연습이 시작됐다.

그렇게 목록을 만들고 지우기를 반복하다 보니 몇 번의 학기와 몇 번의 방학이 지나갔다. 어느 학기는 세 가지로 시작해서 겨우 하나만 성공했다. 학점도 엉망이었고 기타도 못 배웠지만 친구들과는 많이 친해졌다. 학점이 조금 부끄러웠지만 즐거웠다. 어떤 때는 목록을 적고 보니 하고 싶은 것이 두 가지뿐이었다. 그때에는 목표였던 여행 가기와 그림 두 점 그리기를 모두 성공했다. 영어 성적 만들기가 목표였던 어느 방학에는 사고로 발목이 부러졌는데 목표가 하나밖에 떠오르지 않아서 적어 놓지도 않았다. 얼떨결에 수술을 받고 아프다고 울면서 누워 있던 와중에도 공부해서 원했던 영어 성적을 받았다. 그 이외엔 별로 이룬 것이 없었지만 뿌듯했다.

사실 내가 적어 놓은 소소한 목표들과 내가 겨우 이룬 일들이 부끄러웠던 적도 많다. 친구들은 내가 가지 못한 교환학생을 가거나, 매우 높은 학점을 받거나, 내가 하고 싶던 일들을 나보다 훨씬 잘 해냈다. 잠이 부족했던 시절의 나는 그런 친구들이 정말 미웠다. 그런데 잠을 충분히 자고, 노트에 적어 둔 작은 목표 두 가지를 이룬 나는 친구들을 자랑스러워 할 만큼 마음의 여유가 생겼다. 언젠가부터 노트에 적은 목표를 지우는 일은 그만뒀다. 그렇게 하지 않아도 이제는 내가 할 수 있는 만큼이 어느 정도인지 알기 때문이다. 정한 목표가 과하면 조금 미루고, 시간이 남으면 예비 목록에서 하나 끌어다 넣는 완급 조절이 가능해졌다. 이제 나는 내 작은 그릇에 욕심을 넘치도록 붓지 않으려고 노력한다. 작게 뭉친 목표들을 차곡차곡 쌓아 올려서 좀 더 단단한 내가 되고 싶다.

다시 돌아가는 톱니바퀴

부러진 발목이 나은 작년부터는 본격적으로 운동을 시작했다. 새벽에 일어나서 수영하는 동아리에 들어갔다. 아침에 일찍 일어나야 하니 술을 마시는 횟수를 많이 줄였다. 오르막을 달리는 훈련을 할 때 도저히 못 따라가겠어서 중간에 울면서 도망친 적도 있다. 그런데 도망치는 나를 쫓아온 선배가 "할 수 있어! 힘들어도 끝까지 해 보자!" 하고 격려해 준 덕분에 다시 돌아가서 느리게나마 마지막까지 뛸 수 있었다. 그렇게 주변의 도움을 받으며 1년을 버텨 냈다. 나는 여전히 다른 사람들보다 느리고 많이 부족하다. 그렇지만 기숙사에서 교실까지 쉬지 않고 뛸 수 있을 때, 자전거를 타고 오르막길을 끝까지 올라갔을 때, 밤을 새도 여전히 생기가 있을 때, 그럴 때에 느껴지는 희열은 무엇과도 비교할 수 없다.

운동을 시작하자 무거운 톱니바퀴가 돌듯 내 삶이 서서히 움직이기 시작했다. 체력이 좋아진 덕분에 공부를 더 오래 집중해서 할 수 있게 되었고 성적도 올랐다. 이제는 잠을 덜 자도 예전처럼 투정을 부릴 만큼 피곤하지 않다. 표정도 밝아지고 자세도 좋아졌다. 나를 오랜만에 만난 사람들은 "분위기가 달라졌다."라는 말을 많이 한다. 주변 사람들에게 당당함을 칭찬받을 때면 다른 어떤 칭찬을 받을 때보다 어깨가 으쓱한다. 내가 조금씩 나아질수록 나를 위해 투자할 의욕이 늘어난다. 운동은 조금씩 습관이 되어 생활에 녹아들고, 공부도 취미 생활도 하면 할수록 더 즐겁다.

아직도 가끔은 눈물이 나고 가슴이 저린 일을 겪는다. 하지만 이제 그런 순간에 나를 포기해 버리지 않는다. 조금만 토닥여 주면, 조금만 자고 나면 내가 원래의 궤도로 돌아갈 수 있음을 안다. 나는 더 이상 내 자신에게 너무 무리한 요구를 해서 탈진하지 않을 것이다. 그렇지만 내가 되고 싶은 모습을 향해 느리더라도 끝까지 가 볼 생각이다. 내가 카이스트에서 겪은 고난은 별로 크지 않았던 것 같다. 하지만 누구나 겪을 수 있는 문제였기 때문에 말하고 싶다. 서투르지만 꾸준한 변화가 나를 완전히 바꾸었다고. 더 나아질 것이라고 믿는 나에 대한 신뢰가 내 삶의 원동력이 되었다고.

고난을 통해 나를 되찾다

전기및전자공학부 12 유정민

끝이 보이지 않는 두려움

대학교 새내기인 내게 세상은 차갑고 어둡게 느껴졌다. 마치 2월 초의 날씨 같았다. 대학교 입학 전에는 하루 종일 반 친구들과 같은 교실에 있었다. 학교에서 보내는 시간과 자는 시간을 제외하면 학원에 있었다. 하루 종일 누군가와 함께 있었다.

하지만 대학에 오고 난 후 혼자 있는 시간이 많아졌다. 다른 사람을 신경 쓰는 성격 때문에 남들과 함께 있는 게 편안하지는 않았다. 하지만 혼자 있는 순간이 너무나 불안하고 외로웠다.

나는 공부에 많은 시간을 쏟았다. 항상 점수를 신경 썼기 때문이다. 효율은 그다지 좋지 않았다. 하지만 놀아도 불안해서 편히 놀 수 없었다. 중학교와 고등학교 때 점수에 집착했듯이 여전히 학점에 대한 집착을 놓지 못했다. 불안감은 그 어느 때보다 점점 더 심해졌다.

고등학교 때는 힘들게 공부해서 좋은 대학에 가면 그때까지의 고생을 보상받을 줄 알았다. 하지만 대학에 오고 나서도 매주 있는 보강 수업과 퀴즈 때문에 스트레스를 받았다. 불안할 때마다 단것을 먹는 습관이 생겼다. 시험 기간에는 불안감에 단 음식이 너무 당겨서 하루에 초코파이를 한 상자씩 먹기도 했다.

내가 힘들다고 털어놓을 수 있는 사람은 부모님뿐이었다. 전화로 엄마, 아빠의 목소리를 들을 때마다 눈물이 날 것만 같았다. 하지만 부모님은 내가 힘들어 하는 것을 잘 모르셨다.

나는 유일하게 편안함을 주셨던 부모님을 왠지 모르게 원망했다. 내가 힘들어 하는 것을 몰라주는 것에 대한 원망이었다. 집에 가면 너무 편안했지만 동시에 너무 불안했다. 시간이 지나 집을 떠나면 느끼게 될 불안감에 대한 두려움이었다. 하지만 나와는 달리 편안해 보이는 부모님이 부러우면서 야속했다. 이제 더 이상 의지할 사람이 없다고 느꼈다.

대학교 2학년이 되던 해에는 복수 전공을 하기로 마음먹었다. 복수 전공을 하지 않으면 세상에 뒤처지는 느낌이 들어서였다. 비슷한 시기에 선배가 교육 봉사를 하지 않겠냐고 물었다. 당시에 나는 스펙을 쌓아야 한다는 강박관념이 있었다. 기회가 되는 대로 모든 것을 해야 한다고 생각했다. 그래서 그다지 마음에 끌리지 않으면서도 교육 봉사 단체에 가입했다.

그런데 막상 학기가 시작되고 몇 주가 지나고 나니 할 일이 너무 많아졌다. 전공 공부를 하는 것만으로도 하루가 부족했다. 전공 수업을 처음 듣는 것이어서 적응도 잘되지 않았다. 게다가 교육 봉사 단체에서 내가 해야 할 일이 생각보다 무척 많았다. 강의 자료를 만들고 인터넷 강의 동영상을 촬영하고 아이들에게 강의 자료를 보고 만들기를 할 준비물을 택배로 보내야 했다. 강의 주제를 선정할 때에는 몇 번이나 퇴짜를 맞기 일쑤였다. 당장 몇 시간 후에 퀴즈가 있는데 아이들에게 보낼 물건을 준비해야 할 때에는 마음이 너무 괴로웠다. 매 수업마다 퀴즈를 내는 전공과목이 하나씩 있었다. 퀴즈 점수는 개강 후 2주 만에 마이너스 점수를 찍고 제자리걸음을 했다. 어느 순간부터 나는 노력해도 되지 않는다고 느꼈다. 노력을 해도 없어지지 않는 불안감을 견딜 수 없었다. 그때부터 나는 공부에 손을 놓기 시작했다. 많은 시간을 먹고 잠자는 데 보냈다. 평생 잘 수 있으면 좋겠다는 생각이 들었다.

더 이상은 안 되겠다 싶어서 매일 퀴즈가 있는 과목의 수강을 취소하기로 마음먹었다. 지도 교수님의 사인이 필요하다고 해서 교수님을 찾아뵈었다. 이야기를 하기 시작하는데 목소리에 울음이 섞여 나왔다. 처음 본 지도 학생이 보자마자 울음부터 터뜨리자 지도 교수님도 당황하신 듯했다. 나는 교수님이 주신 휴지로 눈물, 콧물을 닦으며 계속 내 이야기를 했다.

그때 이후로 학기가 끝날 때까지 나의 눈물샘은 마르지 않았다. 그저 길을 가다가도 눈물이 흘렀다. 학교생활을 하기가 너무 힘들어서 상담 센터에도 찾아갔다. 2학년 봄 학기에는 상담 센터에 정기적으로 찾아갔었는데 상담해 주시는 분 앞에서 매번 펑펑 울었다. 기말고사 기간에 나의 불안함은 최고점을 찍었다. 기말고사 직전에는 상담사 분께 너무 두렵다고 중도 휴학을 하고 싶다고 울면서 전화했다. 불안감이 너무 심해 죽고 싶다는 생각을 하루에도 수십 번씩 했다.

행복을 찾아 나서다

그러다가 문득 내가 태어나서 정말 하고 싶은 일을 해 본 적이 없다는 생각이 들었다. 이대로 죽기엔 너무 슬픈 삶 같았다. 강아지를 키우는 것이 어릴 적부터 나의 꿈이었다는 것이 떠올랐다. 유기견 센터에 있는 강아지들이 안락사 당하는 것을 본 이후로 강아지를 키우게 된다면 유기견을 입양해야겠다고 생각했었다.

나는 시험이 끝나고 집에 가자마자 부모님께 유기견 센터에서 강아지를 입양하겠다고 했다. 부모님은 평소에 강아지 키우는 것을 반대하셨다. 하지만 부모님은 거세게 반발하는 나를 막지 못하셨다. 유기견 센터에 가기 전날 나는 강아지 이름을 지었다. 약 천 가지의 강아지 이름 목록을 보다가 '퐁퐁'이라는 어감이 너무 좋아서 이름을 '퐁퐁이'로 정했다. 벌써부터 강아지가 생긴 것 같이 기뻤다.

유기견 센터의 환경은 생각했던 것보다 훨씬 더 열악했다. 사육장에는 빛이 잘 들지 않았고 강아지들은 자기 몸보다 조금 더 큰 케이지에 각자 들어 있었다. 늙고 병든 개도 많았다. 이빨이 거의 다 빠졌거나, 백내장에 걸렸거나, 다리가 하나 없는 강아지들도 있었다. 사육장 안으로 들어서자 수십 마리의 강아지들이 일제히 짖었다. 그중 두세 마리의 강아지들만이 조용하게 있었다.

내 눈에 들어온 것은 낯선 사람이 와도 구석에 웅크리고 조용히 있는 한 강아지였다. 관리자 분께 그 강아지를 한번 볼 수 있겠느냐고 물었더니 강아지를 꺼내어 바닥에 내려놓으셨다. 그러자 녀석이 갑자기 미소를 짓더니 신나게 이리저리 뛰어다녔다. 그 모습을 본 나와 엄마는 그 강아지를 입양하기로 결정했다. 그 강아지를 품에 안으니 강아지 위로 뽀얗게 쌓인 먼지가 눈에 띄었다. 장기간 케이지 안에만 있었던 듯했다. 털을 오랫동안 털지 못했는지 내 옷에 강아지 털이 많이 붙었다.

집에 와서 강아지를 내려놓자 녀석이 우리 집에서 가장 어둡고 축축한 화장실에 들어가 하수구 위에 앉았다. 나는 강아지의 그런 행동을 보고 눈물이 났다. 아무도 없는 어두운 곳이 차라리 편하다는 생각을 하던 나의 모습이 엿보여서 그랬던 것 같다. 나는 아무도 내가 힘든 것을 대신해 줄 수 없고 나를 이해해 주지 못한다는 생각을 했었다. 그래서인지 그 강아지만큼은 내가 이해해 줄 수 있을 것 같았고, 나로 인해 강아지가 행복해졌으면 했다. 강아지를 씻기려고 물을 적셨더니 앙상한 몸이 드러났다. 불쌍한 마음에 다시 한 번 눈물이 났다.

다음 날 눈을 떴을 때 나는 강아지를 키우기 시작했다는 사실 때문에 너무 행복했다. 꿈인지 생시인지 모르겠다는 말이 처음으로 와 닿았다. 강아지가 밥을 먹는 모습만 봐도 좋았고 조그마하게 싼 똥조차도 귀여워 보였다. 일주일 정도 계속 퐁퐁이라고 불러 주었더니 강아지는 퐁퐁이라는 말에 반응하기 시작했다.

나는 2학년 여름방학 내내 퐁퐁이를 돌보면서 지냈다. 여름방학이 끝나 갈 즈음, 처음 우리 집에 왔을 때 2.6킬로그램이었던 퐁퐁이는 4.8킬로그램이 되었다. 우리 집에 왔을 때부터 성견이었던 퐁퐁이의 급격한 몸무게 변화는 놀라운 수준이었다. 동물병원에서는 딱 적정 몸무게에 도달한 것 같다고 했다. 정말 뿌듯했다. 퐁퐁이가 점점 밝아지면서 나도 밝아졌다. 퐁퐁이로 인해 웃을 일이 많아졌기 때문이다. 우선 퐁퐁이는 웃음이 참 많다. 퐁퐁이가 웃는 모습을 보면 나도 덩달아 웃게 된다.

퐁퐁이는 우리 집에서 나를 제일 좋아했다. 나는 태어나서 누군가가 나를 좋아한다는 생각을 해 본 적이 별로 없었다. 그런데 퐁퐁이는 나와 있으면 온갖 애교를 부렸다. 나에게 기대고, 핥고, 장난감을 물어 왔다. 중학교를 우수한 성적으로 졸업했던 순간이나 과학고등학교에 합격했던 순간, 대학교에 합격했던 순간 등 그 어느 순간도 퐁퐁이를 키울 때만큼 행복했던 적은 없었다.

학기가 시작한 후에도 나는 퐁퐁이를 보기 위해 매주 금요일 오후면 집으로 향하고 월요일 오전이면 학교로 돌아오는 생활을 반복했다. 내 마음은 항상 퐁퐁이에게 가 있었다. 학교생활은 숙제를 하는 일 같았다. 꼭 해야 할 필요성은 느끼지 못하지만 하지 않았을 때 위험이 닥칠 것 같은 느낌이었다.

도전의 시작

3학년이 된 나는 더 이상 학교에 다니고 싶지 않아졌다. 그런데 부모님은 내가 휴학하는 것을 부정적으로 생각하셨기에 나는 교환학생을 핑계로 학교를 떠나는 편이 좋겠다고 판단했다. 특별히 가고 싶던 나라나 학교는 없었지만, 사람들이 흔히 괜찮다고 하는 학교에 지원하기로 했다. 그 학교는 학점이 좋은 학생들이 많이 신청해서 경쟁률이 높았기 때문에 나는 붙기 힘들 것이라고 예상했다. 그래서 나는 학점 이외에 내가 얻을 수 있는 점수에 충실했다. 영어 말하기 평가 시험과 자기 소개서 등을 정말 열심히 준비했다. 그리고 합격했다.

처음에는 내가 경쟁력 있는 학생들 사이에서 선택되었다는 것이 잘 믿기지 않았다. 실제로 나와 함께 합격한 친구들은 학교생활도 열심히 하고 다양한 활동에 적극적으로 참여했던 친구들이었다. 그 친구들에게서는 배울 점이 참 많았다. 미래에 대해서 계획하고 열정적으로 무언가를 하는 사람의 모습이 얼마나 멋있는지 처음 알았다. 나도 저렇게 미래를 꿈꾸고 싶다고 생각했다.

독일에서 나는 시간이 많았다. 대부분의 과목이 숙제가 거의 없었기 때문이다. 자연스럽게 나의 과거를 돌아보는 시간이 많아졌다. 내가 힘들었던 순간들에 대해서도 한 번 더 생각하게 되었다.

사실 독일로 떠나기 전 나는 걱정이 이만저만이 아니었다. 먼저 비행기를 타고 10시간 가까이 이동하는 일은 태어나서 처음 있는 일이었다. 독일에 도착했을 때에도 생전 처음 보는 풍경에 두려움이 밀려왔다. 혹시 소매치기라도 당할까 봐 너무 무서웠다.

하지만 독일은 금세 흥미로운 곳으로 변했다. 마트에는 납작 복숭아와 흰 소시지 등 처음 보는 식료품들이 즐비했다. 푸른 잔디가 넓게 펼쳐진 공원을 큰 개들이 점령하고 있는 모습 또한 신기했다. 독일은 그렇게 나를 호기심에 가득 차게 만들었다. 무엇보다 내 호기심을 자극한 것은 독일에서 만난 새로운 사람들이었다. 하루는 전자과 교환학생 모임이 있었다. 나는 노르웨이, 러시아, 멕시코, 인도, 핀란드, 호주 등 세계 곳곳에서 온 친구들과 저녁 식사를 했다. 서로의 평범한 일상을 궁금해하고 그런 평범한 일상 이야기에 놀라고 웃고 즐거워했다. 핀란

독일에서 만난 새로운 사람들은 나의 호기심을 한껏 자극했다.

드 친구가 텔레비전에서만 보던 핀란드식 볼 인사를 해 주었을 땐 그렇게 좋을 수가 없었다.

나는 독일에 있는 동안 영어 공부를 제대로 해 보고 싶다는 생각을 했다. 외국인 친구들과의 교제가 좋았지만 언어에서 오는 한계를 많이 느꼈기 때문이다. 그래서 한국에 돌아온 나는 과감하게 휴학을 결정했다. 이번에는 부모님 눈치도 보지 않았다. 휴학을 하고 서울로 통학하며 영어 공부를 했다. 전혀 힘들지 않았다. 오히려 정말 하고 싶었던 일을 한다는 생각에 즐거웠다.

나를 되찾다

복학한 이번 학기에 나는 무척 즐겁다. 그 어느 때보다 바쁘지만 에너지가 솟는다. 내 마음 깊은 곳에서 에너지가 우러나온다. 나는 몇 년 전까지만 해도 목표가 없었다. 세상이 정해 준 답대로 사는 것이 내 목표였다. 높은 성적, 좋은 스펙으로 미래를 보장받는 것이 내 목표였다. 그것이 내 행복을 보장해 주는 길이라고 생각했다.

하지만 실제로 그 길을 걸어 보니 그렇지 않았다. 퐁퐁이를 키우면서 내가 하고 싶은 일을 미루면 안 된다는 깨달음을 얻었다. 예전에는 내가 하고 싶은 일과 해야 할 일이 상충되면 하고 싶은 일을 포기했다. 내가 갖고 있는 모든 시간은 해야 할 일에 투자해야 한다고 생각해서다. 하지만 그것은 나를 억압하는 일이다. 내 인생을 포기하는 일이며 누구를 위해 사는 삶인지 알 수 없는 삶이다. 이제는 내가 하고 싶던 일들을 미루지 않는다. 내가 하고 싶던 일들이 내게 어떤 행복을 가져다줄지 궁금해졌기 때문이다. 퐁퐁이가 나에게 행복을 가져다줬듯이 말이다.

나는 내 삶의 기준을 세우는 일부터 시작했어야 했다. 나만의 철학 없이 사회의 기준에 맞춰서 살려니 힘든 순간이 많았던 것이다. 너무 오랫동안 나를 내 삶에서 쏙 빼놓고 살았던 것이 문제였다. 나를 있는 그대로 인정할 수 있어야 했다. 내 삶의 기준을 만드는 일은 자신을 아는 일부터 시작된다. 그리고 우리는 다방면에 걸친 도전을 통해서 자신을 알 수 있다. 힘든 순간을 함께 보낸 친구와 더 돈독해지듯이 우리는 힘든 순간을 통해 자신을 더 잘 알고 믿을 수 있게 된다.

나는 교환학생으로 가서 나의 의외의 모습을 많이 발견했다. 나는 숫기가 없는 내가 같은 기차나 버스에 탄 외국인과 쉽게 말을 트고 친해지는 모습을 보았다. 소매치기가 무서워 벌벌 떨던 내가 혼자 야간 버스를 타고 유럽의 국경을 넘나드는 모습도 보았다. 예전에는 상상도 못했던 일이다. 교환학생으로 가는 것은 나에게 어려운 도전이었다.

내 자신을 믿고 독일에 있는 학교에 지원을 하는 일부터가 힘들었다. 먼 타지에 혼자 가려니 두려웠다. 하지만 힘들고 두려워서 그 기회를 포기했다면 나는 새로운 나를 발견하지 못했을 것이다. 무엇보다 스스로에 대한 믿음을 키울 수 없었을 것이다. 도전이 꼭 고된 것만은 아니다. 새로운 세상과 새로운 나를 발견하는 과정이다. 마치 먼 외국으로 여행을 가는 일처럼 말이다.

4년 동안의 시행착오를 통해 나는 많이 달라졌다. 우선, 나를 위해 하는 일이 많아졌다. 건강한 음식을 먹고, 좋은 음악을 듣고, 자주 밖으로 나간다. 예전에는 이런 것들에 돈을 쓰는 것이 아까웠지만 이제는 나 자신을 위해 투자하는 게 더 이상 아깝지 않다. 나의 선물을 가장 많이 받아야 할 사람은 그 누구도 아닌 나 자신이라고 생각한다. 그리고 스스로에게 더 관대해졌다. 예전에는 어느 수준 이상 성과를 이루지 못하면 스스로를 타박했었다. 하지만 이제는 내가 힘들어 하면 힘든 상황에 있는 나 자신을 토닥인다. 흥미로운 점은 오히려 그렇게 했을 때의 효율이 더 좋다는 것이다. 결과에만 연연하는 것은 오히려 집중력을 떨어뜨리고 정신력을 축낸다.

이제는 그 누구보다 나를 가장 많이 신경 쓰면서 산다. 나는 예전부터 착한 아이가 되려고 노력했다. 그것이 바람직한 모습이라고 여겼기 때문이다. 하지만 나 자신을 위해서는 착한 아이가 되면 안 된다는 것을 깨달았다. 부모님의 눈치를 보고 부모님의 말씀을 따르는 게 나를 위한 일은 아니기 때문이다.

이제는 내가 앓아 온 착한 아이 콤플렉스로부터 해방되려 한다. 다른 사람을 대하는 일도 많이 편해졌다. 예전만큼 다른 사람을 신경 쓰지 않기 때문이다. 이제는 친구들을 만나는 일이 즐겁다. 그리고 다른 사람들에게 내 이야기를 더 많이 할 수 있다.

대학교 저학년 때 자주 공부하던 도서관 자리에 앉아 있으면 그때의 내가 생각난다. 불안하고 무기력했던 내가 보이는 것만 같아 마음이 아프다. 과거의 나에게 말을 건넬 수만 있다면 있는 그대로의 자신이 될 용기를 가지라고 말해 주고 싶다.

살면서 우리가 도전할 기회는 수없이 많다. 도전 속에서 실패할 수도 있고 성공할 수도 있다. 하지만 실패를 실패로 남길지 아니면 실패를 딛고 성공으로 도약할지는, 우리가 매일 찾아오는 기회를 외면할 것인지 혹은 직면할 것인지에 달려 있다.

나는 슬럼프가 왔을 때 잠시 쉬고 뒤를 돌아보면서 극복했다

산업디자인학과 09 유재영

처음 직면한 나의 고민

나는 고등학교 때 열심히 공부를 해서 카이스트에 입학했다. 처음 카이스트에 입학해서는 열심히 학교를 다녔지만 언제나 마음 한구석에는 이것이 내가 진정으로 원하는 길인가, 이것이 내가 진정으로 하고 싶은 일인가 하는 의문이 있었다. 그러한 마음은 처음에는 작았지만 시간이 지날수록 점점 커져만 갔다. 원래 성격이 낙천적이고 가벼워서 진지한 고민을 거의 해 본 적이 없던 나로서는 이러한 의문이 들 때마다 무시하고 공부나 노는 데에 집중하려고 노력했다.

하지만 그러한 노력에도 불구하고 나의 의문은 수그러들 기세가 보이지 않았다. 내가 진정으로 원하는 것이 무엇인가에 대한 의문이 점점 커지면서 공부가 손에 잡히지 않았다. 뒤숭숭한 마음을 놀면서 달

래려고 해도 마음 한구석이 짓눌린 듯 무겁게 느껴져 즐겁게 놀 수가 없었다. 돌이켜 보면 내가 진정으로 원하는 것이 무엇일까 하는 고민은 어렸을 때부터 했다. 다만 중학교 때는 좋은 고등학교에 진학하기 위해서 그러한 의문은 접어 두고 어른들이 하라는 대로 공부만 했고, 고등학교 때는 좋은 대학교에 입학하기 위해 어른들이 원하는 대로 공부만 했다.

그렇게 어른들이 하라는 대로, 좋다는 데로 걸어오다 보니 어느새 어른이 되었다. 어른이 되고 보니 내가 하고 싶은 것이 무엇인지 모르겠고 내가 원하는 것은 무엇인지 더욱 모르게 되었다. 카이스트에서 수업을 듣고 주어진 과제를 하며 중학교, 고등학교 때와 마찬가지로 그저 기계적으로 좋은 학점을 받으려고 공부하는 내 자신이 보였다. 중학생, 고등학생 때와 달라진 점은 이제는 성인이 되었다는 점뿐이었다. 나는 이렇게 뜻 없이 좋은 점수를 위해 공부하고 있는 내 자신이 싫어지기 시작했다. 무엇인가 삶에는 더욱 중요한 게 있을 것만 같았고 나는 그것을 찾고 싶었다.

"내가 원하는 것, 하고 싶은 것은 뭘까?"

내 고민을 주변 사람들에게 털어놓아 보았지만 "아이 같은 고민이다."라는 말을 가장 많이 들었다. 그 나이가 되도록 아직도 자신이 해야 하는 일에 집중하지 못하고 방황한다며 핀잔도 많이 들었다. 대다수의 사람들은 네가 원하는 것은 높은 사회적 지위와 많은 돈이라고 했다. 또한 그것을 얻으려면 자신에게 주어진 일을 열심히 해야 된다고 했다. 생각해 보면 너무나 당연한 말이었다. 주위 사람들은 사회에서는 지위가 높은 사람이 더 많은 권리를 가지고, 자신이 하고 싶은 일도 쉽게 할 수 있다고 했다. 또, 자본주의 사회에서는 돈이 많아야 원하는 것을 손에 넣기가 쉽다고도 충고해 주었다.

오랜 시간 고민한 끝에 내가 내린 결론은, 나 역시 고상한 척 고민하지 말고 원하는 것은 무엇이든 할 수 있도록 많은 돈을 벌고 남들 위에서 권력을 휘두르자는 것이었다. 이렇게 생각을 정리하고 조금 맑아진 머리로 내가 해야 할 일들을 하려고 마음먹었지만 어째서인지 전혀 집중할 수 없었다. 그런 상태로 대학 생활을 하자니 너무 심란했다. 그때까지 아무 문제없이 잘 살아오던 내게 처음으로 슬럼프가 찾아온 것이었다. 왠지 인생을 이렇게 보내면 안 될 것 같고, 지금 하고 있는 일이 아닌 딴 일을 해야만 할 것 같아서 매사에 집중하지 못하고 방황했다. 내가 원하는 것과 하고 싶은 것도 확실해졌는데 여전히 방황을 멈출 수가 없었다. 나는 방황을 멈추기 위해 또다시 깊은 고민을 시작했다.

한 발짝 뒤로 물러남으로써 지나갈 수 있었던 나의 슬럼프

방황에 대한 고민은 예상하지 못한 곳에서 풀렸는데 그것은 바로 군대였다. 대다수의 카이스트 학생들과 달리 나는 영장을 받고서 이것이 내게 온 기회라고 생각했다. 지금까지 겪어 보지 못한 경험을 하며 다양한 군상들을 만나면 왠지 나의 고민이 해결될 것만 같았다. 그래서 나는 부모님께 군대에 가겠다고 말씀드리고 입대했다.

지금까지 점수 경쟁에 쫓겨 다니다가 공기 좋고 물 좋은 산속에서 생활하자 마음속에 여유가 생겨나기 시작했다. 어렸을 때부터 가지고 있었던 부담감과 의무감이 군 복무를 하는 동안 사라졌다. 새로운 환경에서 살면서 새로운 경험을 하자 생각의 범위가 넓어졌다. 나와는 다른 환경 속에서 성장해 온 다양한 사람들의 생각과 행동을 보면서 느끼는 게 많았다. 군 생활이라는 새로운 경험을 통해 내 사고는 깊고 넓어졌다. 그리고 내가 원하는 것과 하고 싶은 것을 고민하면서 왜 힘들어 했는지 생각했다. 야간 보초를 서면서 오랫동안 많은 생각을 할 수 있었다. 그때의 생각들은 나에게 안식을 주었고 방황을 멈출 수 있게 도와주었다.

나는 아직도 내가 정확히 무엇을 하고 싶고 무엇을 원하는지 잘 알지 못한다. 하지만 그렇다고 해서 불안에 떨고 방황하지는 않는다. 멈추지 않고 목적 없이 달리느라 힘들었던 과거와는 달리 군대에서 정신적인 휴식기를 가졌더니 마음의 안정을 얻었다. 조 모임 하나를 해도 팀원들끼리 서로 점수를 매기며 경쟁하는 사회에서 잠시 떨어져서 동기와 전우들 간의 협동을 최고의 가치로 생각하는 군대를 다녀오니 자신감도 생겼다. 내 고민들은 어쩌면 정신적으로 힘들고 불안해서 생긴 과민 반응이 아니었을까?

내가 하고 싶은 말은 정말 힘들고, 모든 일이 쉽게 풀리지 않으면 한 발짝 뒤로 물러서서 잠시 휴식기를 가지라는 것이다. 대한민국은 좁은 나라에 5,000만 명이 산다. 좁은 나라에 많은 사람들이 살고 있기 때문에 사람들은 어쩔 수 없이 경쟁해야 하고 남들을 돕기보다는 자기 자신을 먼저 생각해야 한다. 사람들의 마음에는 여유가 없다. 그들은 자신이 불행하다고, 행복하지 않다고 느낀다. 언제나 경쟁해야 하기 때문에 불안한 미래에 대한 걱정과 현재에 대한 짜증이 사람들의 여유를 빼어 간다.

나 또한 그러한 사람들 중 하나였다. 내가 무엇을 원하는지, 무엇을 하고 싶은지 고민한 원인도, 그 대답을 생각해 내고도 방황한 이유도 다 여유가 없어서였다. 여유가 없으니 불안하고 무서웠고, 그래서 해야 하는 일에 집중하지 못하고 방황했던 것 같다. 배울 것도 없고 시간 낭비라고들 하는 군대에서 나는 여유와 안정을 배우고 왔다. 다양한 군상들을 보고 함께 생활하면서 삶에는 정답이 없음을 배웠다.

이 글을 읽는 다른 카이스트 학생들도 만약 너무 고민이 많고 힘들다면 한 발짝 뒤로 물러나 쉬는 것을 추천한다. 쉬고 돌아오면 정신이 맑아지고 자신감이 생긴다. 나는 방황하던 시기에 운이 좋아 군대에 갔고 그곳에서 여유와 평화를 찾았지만 아직 카이스트에 다니는 학생들 중에는 힘들어 하는 이들이 많다. 그들도 나의 경험을 참고 삼아 휴학을 하거나 최소 학점을 들으면서 삶의 여유를 찾았으면 좋겠다.

또 다른 슬럼프와 또 다른 극복 방법

앞에서 언급한 슬럼프를 극복하는 과정 외에 또 다른 과정을 소개해 주고 싶다. 잠시 동안 자신의 일과 업무를 내려놓고 휴식을 취하는 방법은 내가 대학교 저학년일 때의 경험에서 나왔다. 그 후에도 한 번 더 슬럼프가 왔는데 카이스트에서 공부하다 힘들어서가 아니라 내 개인적인 건강 때문이었다.

카이스트에서 생활을 하다 보면 운동할 기회가 적은 데다 밤늦게까지 공부하다 보면 야식을 먹을 때가 많다. 군대를 제대한 내 자신도 그렇게 생활을 했다. 그리고 몸무게가 엄청나게 늘었다. 처음에는 별것 아니라고 생각했다. 이미 한 번 살을 뺀 적이 있었기에 이번에도 잠시 살이 찌다가 금방 빠질 것이라고 생각했다.

하지만 그것은 나의 착각이었다. 몸무게는 점점 더 늘더니 나중에는 외관으로도 확연히 티가 나기 시작했다. 조금 몸무게가 늘어났을 때는 잘 느끼지 못했는데 이게 쌓이고 쌓이다 보니 나중에는 몸을 움직이기조차 힘들었다. 양말도 신기 불편해졌고 걸을 때도 쉽게 지쳤다. 계단을 오를 때도 너무 힘들어 도중에 쉬어야 했고 내가 좋아하던 등산도 점점 더 힘들어져 나중에는 하지 못하게 되었다. 옷도 작아져서 매번 맞는 옷들만 입어야 했다.

점점 더 살이 찌자 스트레스도 커져 갔다. 운동도 하고 먹는 것도 조절해야 했는데 마침 졸업 전시 때문에 시간도 나지 않았고 규칙적으로 생활하기도 힘들었다. 나를 더욱 힘들게 했던 것은 나와 함께 먹고 밤을 새서 작품을 만든 동기들은 별로 살이 찌지 않고 나만 점점 살이 쪘다는 사실이다. 내 몸은 계속 살이 쪘고 그렇게 두 번째 슬럼프가 찾아왔다.

나는 점점 더 비대해지는 몸을 보며 좌절했지만 이 슬럼프를 이겨 내고자 마음먹었다. 군대에 가서 휴식을 취하고 슬럼프를 이겨 냈듯이 다시 한 번 슬럼프를 이겨 내고자 했다. 이번에는 그때와는 달리 휴식을 취할 수 없는 상황이었다. 하지만 반대로 이번에는 슬럼프의 문제점을 확실히 알고 있었다. 그래서 나는 슬럼프를 이겨 내기 위해 그 원인을 파괴하고자 했다. 슬럼프의 원인은 나의 늘어나는 체중이었다. 체중이 늘어나는 이유는 불규칙적인 식사와 폭식 그리고 운동 부족 때문이었다. 내가 슬럼프에서 한 발짝 물러나 여유를 가지고 운동하고 식사를 규칙적으로 하면 쉽게 해결될 문제이기는 했지만 그렇게 할 수가 없는 상황이었다. 따라서 나는 내 자신을 철저하게 조절하기 시작했다. 나는 밥 먹는 시간, 샤워하는 시간, 공부하는 시간 등을 분 단위로 철저하게 나누었다. 시간을 나누고 나누어서 바쁜 시간 안에서 운동하고 규칙적으로 살고자 노력했다. 어떻게 보면 내 첫 슬럼프를 극복하게 해 준 '여유'를 취하기는커녕 정반대로 더욱더 내 자신을 몰아치고 꽉 쥐어 잡았다.

처음에는 그렇게 하자 더욱 스트레스가 쌓였고 오히려 슬럼프에 더 심하게 빠졌다. 안 그래도 힘들고 피곤하며 시간조차 없는데 밥을 제 시간에 먹고 운동까지 하는 게 너무 힘들었다. 몇 번이나 그냥 포기하고 싶었다. 이 슬럼프는 시간이 알아서 해결해 줄 것이라고 위안 삼고 싶었다. 하지만 계속하다 보니 점점 그러한 마음이 바뀌기 시작했다. 계획을 세워서 최대한 그 계획을 따르려고 노력하고 피치 못할 사정으로 만약 계획을 지키지 못하면 최대한 규칙적으로 생활할 수 있게 바꾸어 실천했다. 그렇게 하자 점점 찌뿌둥했던 것은 사라지고 살이 빠지기 시작했다.

살이 빠지자 힘이 나기 시작했고 전에는 생각지도 못했던 계획적인 삶이 가능해졌다. 그러자 슬럼프는 점점 사라졌고 자신감과 상쾌함이 그 자리를 대체하기 시작했다. 그렇게 나는 철저하게 자신을 조절하고 통제함으로써 두 번째 슬럼프를 이겨 냈다. 시작하기 전에는 불가능하고 말도 안 된다고 생각한 일들이 나중에는 당연하게 느껴졌다.

두 번의 슬럼프를 겪으면서 나는 조금 더 성장했다. 그리고 사람과

그가 처한 상황에 따라 슬럼프를 극복하는 방법은 여러 가지라는 것을 알았다. 사람마다 슬럼프를 극복하는 과정은 다양하다. 사람의 성격이 가지각색이듯 슬럼프를 극복하는 방법 또한 그 사람에게 맞는 방법과 맞지 않는 방법이 있을 것이다. 나는 내가 슬럼프를 극복한 방법이 절대적이고 이 글을 읽는 사람들도 꼭 그렇게 해야 한다고 주장하는 것이 아니다.

내가 슬럼프를 극복한 두 방법은 극과 극이었지만 한 가지 공통점이 있는데 그 점이 핵심이다. 그 공통점이란 자기 자신을 믿는 것이다. 내 생각에 슬럼프는 자기 자신에 대한 믿음이 부족할 때 생기는 듯하다. 자기 자신을 믿지 못하면 자신감이 떨어지고 불안해지고 집중하기 어려워진다. 이러한 현상은 시간이 지나면 지날수록 심해지고 나중에는 더 이상 슬럼프라고 볼 수 없는 상태까지 간다고 생각한다. 이 글을 읽는 사람이 내가 두 번의 슬럼프를 극복했던 과정을 참고하되 꼭 그 본질을 알았으면 한다. 슬럼프는 자기 자신과의 싸움이며, 자기 자신을 믿고 나아가면 이길 수 있음을 알아야 한다. 그리고 슬럼프가 와도 좌절하지 말고 꼭 이겨 내기를 바란다.

나의 버킷 리스트

바이오및뇌공학과 12 임지은

카이스트에 입학했을 때, 나는 대학 생활을 하면서 내가 하고 싶은 일들의 목록을 만들었다. 나중에 졸업할 때 대학생 때 하지 못한 일에 대한 미련을 남기기 싫었다. 그렇지만 나의 대학생 버킷 리스트에는 내가 단 한 번도 해 보지 않은 것들뿐이었고, 내가 잘하지 못하는 것들 그리고 당시에만 해도 허무맹랑해 보이는 것들로 가득 차 있었다.

하지만 내가 하지 못한다고 생각하는 것들을 지금 시도해 보지 않으면 평생 해 보지 못한 채 미지의 영역으로 남을 것이 뻔했다. 그래서 조금이라도 더 어릴 때, '이때 아니면 언제 해 보겠어.'라는 생각을 가지고 대학 생활 동안 다양한 활동을 해 왔다. 그리고 그 과정에서 다양한 것들을 시도해 보면서 성취감 혹은 패배감을 느끼기도 했다. 그중에는 결과와는 상관없이 내가 만족했던 활동도 있었고, 그저 경험을 했다는 것 자체에 의의를 둔 활동도 있었다. 그리고 어느 순간 내가 버킷 리스트를 채우는 것이 중요한 게 아니라 그 활동 자체가, 삶의 매 순간이 즐거워야 한다는 사실을 깨달았다.

카이스트는 내게 정말 많은 배움을 안겨 주었다. 부끄럽지만 나의 이야기를 공유하고 싶다.

첫 도전에서 거둔 성과

내가 대학교에 들어가서 처음 완료한 버킷 리스트는 무대에서 발표하기였다. 나는 매년 여름학교에서 열리는 국제 대학생 콘퍼런스의 조직 위원회에 속해 있었는데, 내가 기획에 참여한 2013년 조직 위원회가 '커뮤니케이션 세션(Communication Session)'이라는 것을 새로 만들었다. 이 세션은 연사님들의 강연을 듣는 일반 세션과는 달리 대학생들, 즉 참가자들과 조직 위원들도 직접 연사가 되어서 자신만의 강연을 할 수 있도록 기회를 주는 것이었다. 일반 대학생이 전 세계 외국인들과 연사님들을 포함한, 300명이 넘는 참가자들 앞에서 영어로 발표를 하기란 물론 쉬운 일이 아니지만 매력적인 기회임에는 틀림없었다. 나는 '언제 이렇게 많은 이들 앞에서 발표를 해 보겠어?'라는 생각으로 발표를 하겠다고 지원했다.

솔직히 말하면, 고등학교 때의 나는 사람들 앞에서 말하기를 매우 두려워했다. 사람들의 이목이 집중될 때마다 내 목소리는 작아졌고, 자신감이 더 없어졌다. 하지만 그런 상황을 피하려 할수록 두려움만 커진다는 것을 안 이후로 나는 사람들 앞에서 말을 할 기회가 생기면 내 자신을 노출시키려고 노력했다. 콘퍼런스에서 발표하기로 마음먹은 것도 그러한 노력의 연장선이었다.

연사로 서는 것이 확정되자 나는 내 관심사인 '인지과학'을 주제로 한 달 넘게 발표를 준비했다. 나는 그 한 달 동안 스스로와의 사투를 하며 보냈다. 내가 흥미를 가지고 있고, 공부하고 싶어 하는 주제였지만 막상 대본을 쓰려니 인지과학의 정의마저 불분명하게 생각되었다. 그래서 옛날에 읽었던 책들과 인터넷 등을 뒤지기도 하고, 지도 교수님을 찾아가 자문을 받았다. 그럼에도 불구하고 나에 대한 회의감이 물밀 듯이 밀려왔다.

'갓 신입생이 된 내가 사람들 앞에서 말할 자격이 있는 걸까?'

'나는 다른 사람들에 비해 특별히 더 많이 아는 것도 없지 않은가?'

대답할 수 없는 질문들이 쌓여 가자 내 자신이 부끄럽게 느껴지기까지 했다.

스스로에 대한 회의와 불신이 나를 잠식해 갈 무렵, 나는 '내가 할 수 있는 최선을 다할 수밖에 없다.'라는 결론에 도달했다. 어느 분야에 대해서 최고로 잘 알아야만 남들 앞에서 말할 수 있는 것도 아니거니와, 완벽해야만 하는 것도 아니라는 생각이 들었다. 그저 나만이 할 수 있는 이야기, 내 관점에서의 생각과 느낌을 나누는 것만으로도 충분하다고 생각했다. 사실 우리가 다른 사람들의 이야기에 귀 기울이는 것은 그들의 말이 최고로 신뢰할 만하거나 완벽하기 때문이 아니라, 그저 그들의 이야기이기 때문이라는 점을 떠올렸다. 그렇게 나는 두려움을 어느 정도 떨칠 수 있었다.

대망의 발표 날, 발표 자료를 넘기는 프레젠터가 고장이 나는 바람에 나는 적잖이 당황했다. 그리고 무대에 올라가기 직전까지, 아니 무대에 올라가서도 온몸이 떨리는 것을 숨기기 위해 부단히 애를 썼다. 그리고 아무렇지 않은 척, 내가 할 수 있는 최선을 다했다. 그렇지만 발표가 끝난 후에 밀려오는 아쉬움은 어쩔 수가 없었다.

한참 그렇게 풀이 죽어 있을 때, 우리가 초청했던 연사님 한 분이 내게 다가왔다. 그분은 나의 발표를 매우 즐겁게 들었고, 내가 빛이 나는 사람이라고 칭찬해 주셨다. 그리고는 앞으로 네가 어떤 사람이 될지 매우 기대가 된다고 말씀하셨다. 자책하고 있던 나는 연사님의 칭찬에 처음에는 어안이 벙벙했지만, 이내 큰 감사함과 성취감을 느꼈다. 그리고 그 격려는 지금도 내 마음속에서 오래도록 힘이 되고 있다. 비록 당시에는 발표가 불만족스러웠으나 지금 생각해 보면 발표 준비에 온 힘을 쏟았던 것도, 온전히 발표에 몰입한 것도 모두 내 자신이 최선을 다했던 덕분이었다. 그리고 처음 도전할 때부터 발표를 마칠 때까지의 모든 과정이 내가 성장하는 발판이 되어 주었다.

실패 그리고 휴식

내가 완료한 버킷 리스트 항목 중에 전환점이 되었던 것은 과 학생회장 활동이다. 처음엔 '대학교에 왔으면 한 번쯤 과대표나 과 학생회장은 해 봐야지.'라는 패기 넘치는 생각으로 도전했다. 사실 과 학생회장이 되기 전에는 과에 그렇게 일이 많은지도 몰랐고, 과 학생회장이라는 자리에 그렇게 큰 책임이 따르는지도 몰랐다. 과 학생회는 물론과 내외부의 모든 일들이 나의 결정을 필요로 했다. 그리고 아무런 문제없이 하나의 단체가 돌아가려면 소리 없이 뒤에서 해야 하는 일들이 정말 많았다. 나는, 그 모든 일들에 미숙했다.

과 학생회 임원진들이 다 같이 모이도록 하고 일을 분배하는 것부터 서로 소통하고 잘 이끄는 것. 예산을 짜고, 예산을 따기 위해 발표를 하고, 과 행사가 제때 준비될 수 있도록 미리 기획하는 것. 학과 사람들이 과 행사에 잘 참여하도록 홍보하고, 일일이 연락하는 것. 당연히 해야 하는 일들이었지만 힘이 전혀 들지 않았다면 거짓말이다. 큰 보상이 있지는 않지만 큰 책임이 따르는 자리였고, 잘하면 당연한 것이고 못하면 쉬이 뭇매를 맞는 자리였다.

과 학생회장뿐만 아니라 그동안 쌓여 왔던 일들로 무리한 탓에 나는 중심을 잡지 못하고 외부의 일들에 쉽게 휩쓸려 버렸다. 내 시간과 건강을 챙기지 못했던 것은 물론이고, 내 감정을 보듬어 주는 것 또한 제대로 하지 못했다. 생활 습관과 식생활이 망가졌고, 수면 시간도 불규칙해졌다. 옛날 같으면 나도 '버티는 것이 이기는 것'이라고 생각했을 것이고, '도망'가지 않으려고 어떻게든 오기로 버텼을 것이다. 그런데 그때의 나는 정신과 건강을 해치며 벼랑 끝에 스스로를 몰아세우는 게 정말 잘하는 일인지 의문이 들었다.

또한 내 자신을 채찍질하며 '고통 뒤엔 낙이 온다.'는 사고방식으로 버티는 삶의 방식에 뭔가 문제가 있음을 깨달았다. 이렇게 내 자신을 갉아먹으면 결국에 남는 것은 무엇인지, 내 삶에 내가 없는 것이 무슨 의미가 있는지 알 수가 없었다. 여태 고집해 오던 삶의 방식에 처음으로 회의감을 가졌고, 그렇게 나는 학기를 얼마 남기지 않고 집으로 훌쩍 떠나 버렸다.

방학 동안 나는 연극 연기를 배우면서 잘 먹고, 잠을 충분히 잤다. 처음에는 쉬면서 효율적인 일을 아무것도 하지 않는 생활에 대한 죄책감이 들었다. 그런데 시간이 지날수록 나는 내가 그동안 매 순간 쫓기듯 살아왔고, 마음 편히 쉬어 본 적이 별로 없음을 깨달았다. 휴식 때문에 죄책감을 느끼는 것을 그만두고 그저 내 자신을 내버려 둔 덕분에 나는 휴학 기간 동안 좀 더 건강해졌고, 정신적으로 더 안정적이 되었다. 스스로를 조금 더 이해하게 되었고, 조금 더 균형적인 삶을 사는 첫걸음을 내딛었다.

100일간의 짧지만 긴 휴식 끝에 나는 학교에 돌아왔다. 그때서야 조금 더 건강하게 내 목표를 추구할 수 있게 되었고 내게 주어진 일들도 다시 맡을 수 있었다. 그리고 내 자신에게 충분한 휴식을 준 것이, 정말 '신의 한 수'였음을 알았다. 나의 휴학을 '실패' 혹은 '도망'이라고 볼 수도 있겠지만, 이제는 그런 사고가 일차원적이라고 생각한다.

쉴 때는 쉬어야 한다. 그리고 나는 새로운 시도를 함으로써 내 삶의 방식의 문제점을 알았고, 삶의 균형이 얼마나 중요한지 깨달았다. 내가 한 활동이 성공적이지 않거나 힘들었을 수도 있지만 그런 경험을 통해 많은 것을 알았고, 나는 이 정도로도 충분하다고 생각한다. 사람들이 흔히 실패라고 생각하는 것은, 사실은 실패가 아닐지도 모른다.

즐길 수 있는 것 찾기

'균형 잡힌 삶', '내가 즐길 수 있는 삶'의 중요성을 느낀 나는 재미있게 할 수 있는 활동을 찾는 데 주력하기 시작했다. 그 과정에서 가입한 동아리가 '그리미주아'라는 그림 동아리였다. 처음에는 막연히 그림을 잘 그려야지만 들어갈 수 있는 동아리라고 생각해서 겁을 먹었지만, 얼마 가지 않아 신선한 충격을 받았다.

특히 동아리 내에서 '현대미술가'라는 애칭으로 불리는 한 친구가 그림을 그리는 모습이 가장 인상적이었다. 그 친구는 음악을 들으면서 펜이 가는 대로 종이를 선들로 빼곡히 채웠고, 방금 먹은 과자 포장지 같은 주변에 있는 여러 재료들을 자유롭게 붙였다. 보통 쓰이는 미술 재료들이 아닌 다른 것들로도 표현할 수 있다는 사실 자체도 매우 충격적이었다. 그림 그리기가 이미 있는 대상을 똑같이 묘사하는 것이 아닌 자신의 감정과 충동에 대한 표현이 될 수 있다는 것을 그때 처음 알았다.

또한 다른 동아리 부원들이 그 친구의 그림을 있는 그대로 받아들이고 좋아해 주는 모습에 큰 감동을 받았다. 그때 이후로 나 또한, 내 머릿속의 '어떻게 그려야 한다.'는 틀에 얽매이지 않고 그저 손이 가는 대로 그림을 그릴 수 있었다. 물감이 번지면 번진 대로, 선이 어긋났으면 어긋난 대로. 그때 나는 내 삶도 이렇게 살 수 있다면 정말 자유롭겠다는 생각을 했다.

〈두 얼굴〉은 내가 처음 제대로 그려 본 수채화이다. 처음엔 연갈색으로 왼쪽 눈부터 아주 소심하게 그리기 시작했는데 내 멋대로 칠하고 마구 덧칠하다 보니 처음과는 전혀 다른 느낌의 그림이 되었다. '어떻게 그려야 한다.'는 고정관념에 얽매이지 않고 그림을 그리는 순간은 정말 자유롭고 즐겁다. 내 삶도 그렇게 살 수 있으면 한다.

나는 그렇게 얻은 용기로 뮤지컬에 도전했다. 버킷 리스트에 남아

〈두 얼굴〉, 2013년 작. 내 멋대로 자유롭게 표현해도 좋다는 사실을 깨닫게 해 준 고마운 작품이다.

있는 마지막 세 가지가 '노래 공연하기', '연극 무대에 서기' 그리고 '춤 배우기'였다. 그중에서도 '노래 공연하기'는 마치 꿈처럼 느껴지는 목표였다. 항상 노래를 잘 부르고 싶었고 사람들이 노래를 부르는 영상을 보면서 '나도 저렇게 부르고 싶다.'라고 수도 없이 생각했지만 자격지심에 이내 포기했었다. 많은 이들 앞에서 자신 있게 노래를 부르는 그들은 마치 나와 다른 세계의 사람들 같았다.

그런데 마침 친구를 통해 뮤지컬 동아리에서 여배우를 뽑는다는 소식을 접했고, 큰 용기를 내서 지원했다. 아직 완료하지 못한 세 가지를 다 해 볼 수 있는 완벽한 기회였다! 한편, 나는 오디션에서 노래 실력 때문에 떨어질까 봐 전전긍긍했다. 사람들 앞에서 노래를 불러야 한다니, 그때의 나에겐 있을 수 없는 일이었다.

많은 걱정과 달리, 결국 나는 운이 좋게 동아리에 들어갈 수 있었다. 그렇다고 해서 사람들 앞에서 노래 부르는 게 갑자기 쉬워지지는 않았다. 처음에는 개인 노래 연습 시간에도 눈치를 보며 목소리를 크게 내기 부끄러웠고, 사람들 앞에서 노래를 불러야 할 때마다 매우 긴장했다. 그런데 그때마다 노래 선생님들이 진심 어린 칭찬과 조언을 해 주셨고, 나를 믿어 주셨다.

스스로가 정말 많이 부족하다고 느꼈지만, 노래를 부르는 것이 어느 순간부터 자연스러워졌다. 그리고 처음 시작할 때보다 노래 부르는 일을 훨씬 더 편하게 여기는 내 자신을 발견했다. 공연 당일에는 잔뜩 긴장해서 실수가 많았지만 결국 '사람들 앞에서 노래 공연하기'라는 나의 버킷 리스트를 성공적으로 완료했다.

요즘은 내가 노래 부르는 것을 더 좋아하고, 노래 실력도 조금씩 늘어 가는 모습에 뿌듯하다. 이렇게 부담 없이 노래하는 모습은 5개월 전만 해도 상상도 못했을 텐데, 즐길 수 있는 취미가 하나 더 생겨서 매우 기쁘다. 이렇게 하나하나씩 버킷 리스트를 채우다 보면 내가 즐겁게 할 수 있는 일들이 늘어나지 않을까?

대학에 입학할 때만 해도 나는 스스로에 대해서 매우 잘 안다고 생각했는데, 많은 일들을 겪으면서 내가 진짜 무엇을 좋아하고 싫어하는지, 무엇을 잘하고 못하는지를 발견할 수 있었다. 그리고 나 자신뿐만 아니라 타인을 조금 더 잘 이해하게 되었고, 나도 모르는 사이에 성장해 가고 있었다. 나는 가장 나다운 대학 생활을 했다고 볼 수 있다. 실패를 두려워하지 않아서라기보다는 그저 가야 할 길을 찾기 위해 헤맸기 때문인 듯하다.

이제 나는 아무것도 하고 싶지 않을 때는 아무것도 하지 않도록 스스로를 가만히 내버려 둘 수 있다. 하고 싶은 것이 있으면 '잘해야 한다.'는 강박관념 없이 자유롭게 할 수 있고 '내가 좋으면 그만이다.'라고 생각할 수 있다. 그리고 좀 더 내 삶을 즐길 수 있게 되었다.

옛날의 나 자신을 떠올려 보면 지금의 내가 정말 많이 성장했구나 하고 실감할 수 있는 지금이, 지금의 날 만들어 준 모든 시간들이 감사하다. 그리고 그 시간들을 통해 내가 앞으로도 나만의 버킷 리스트를 만들고, 채워 나갈 수 있는 용기를 얻었다고 자신할 수 있다. 내 앞에 펼쳐질 삶이 기대된다.

방황? 좌절? 그거 별거 아냐

원자력및양자공학과 14 김영준

집이 집 같지 않아서 집에 가고 싶지 않아

어렸을 적 나는 그다지 부유하지 못한 가정에서 자랐다. 아니, 많이 가난했다고 해도 과장이 아닐 것이다. 항상 돈이 문제였으니까. 내가 초등학생이었을 때부터 부모님은 자주 싸우셨는데 아직도 그 기억이 생생하다.

내 부모님은 다른 부모님들과는 달리 좀 심하게 싸우셨다. 어머니는 하루도 빠지지 않고 술을 마셨다. 밤이 되면 집에서는 욕설이 오고 갔을 뿐만 아니라 물건들이 날아다녔고, 항상 우당탕거리는 소리가 났다. 지금 생각해 보면 아래층 할아버지가 참 인자하신 분이었던 것 같다. 그때 나는 부모님의 싸움을 말릴 생각도 하지 않았다. 무서워서 그랬을까? 그저 이불 속에서 귀를 막고 빨리 잠드려고 엄청 노력했던 기억이 난다. 초등학생 때는 공부가 아니라 노는 게 전부였기에 가정불화가 내 삶에 그리 큰 영향을 미치지 않았다. 또한 나는 그냥 신경 쓰지 않으려고만 노력했던 것 같다.

6학년 때 담임선생님이 여름방학 때 있었던 일을 교실 앞에서 발표하라고 하셨을 때, 나는 부모님이 싸우셨던 이야기를 꺼냈다. 왜 그랬었을까? 아마 당시 내 마음속 어딘가에 가족이 아닌 다른 사람들에게 내 상황을 털어놓고 싶은 욕구가 있었던 것 같다.

부모님의 빈번한 다툼이, 어머니의 술주정이 내 삶에 직접적으로 영향을 미치기 시작한 것은 중학생 때부터였다. 중학교에 입학해 처음 치른 시험에서 전교 11등을 했을 때, 공부에 약간 욕심이 생겼다. 때마침 사춘기에 접어든 탓도 있어서, 그때부터는 학업에 예민해졌다. 공부에 방해되는 것이 있으면 화가 많이 났다. 돈 때문에 학원이나 과외는 먼 나라 이야기였다. 집에는 내가 공부할 공간도 없었기에 도서관이 내 집이었고, 도서관 매점에서 먹는 컵라면이 내 삶의 가장 큰 행복이었다. 그렇게 11등, 7등, 4등, 2등…… 성적은 점점 올랐고 중학교 2학년 첫 시험에서 전교 1등을 했다.

어머니라는 큰 그림자

중학생이 되자 내 자아는 빠르게 성장하기 시작했다. 집이 가난하다는 사실을 알고 1학년 때 담임선생님은 장기적으로 받을 수 있는 장학금 자리를 소개해 주셨다. 2학년 때 담임선생님은 학교 수업이 끝나고 다른 아이들이 모두 하교하고 나면 반에 남아 있으라고 하셨다. 그리고 책 살 때 쓰라면서 종종 내 손에 2만 원씩 쥐어 주셨다. 그렇게 진짜 열심히 살았는데, 막상 집에 돌아오면 술을 마시느라 집에 들어오지 않는 엄마, 그런 엄마에게 전화하면서 매번 찾으러 나가는 아빠가 있었다. 일주일에 4일씩 매번 반복되었다. 나는 그 상황에서 참고 참다가 한 번 제대로 폭발했다.

2학년 마지막 시험 전날, 나는 극도로 예민한 상태였다. 일찍 자려고 누웠는데 2시간쯤 지나서 술에 취하신 엄마가 날 깨웠고 그때 나는 말로 표현이 불가능할 정도로 화가 났다. 아니, 서러웠다고 하는 게 맞을지도 모르겠다. 나는 울면서 엄마한테 짜증을 내뱉었고, 집을 나가려고 했다. 나는 집 밖 공원에서 20분쯤 앉아 있다가 이내 다시 집으로 돌아갔다. '시험이니까 조금만 참자.'라고 마음속으로 중얼거렸던 것 같다. 그렇게 중학생 시절을 버텼다. 과학고에 들어가면 기숙사 생활을 할 수 있으니까 이런 고통에서 벗어날 수 있겠지 하는 희망이 마음 한 구석에 있었다.

그런데 중학교 때와는 달리 과학고등학교 교육과정은 내게 너무 힘겹게 여겨졌다. 목포 출신 학생 중에서 나만 유일하게 예비 과학고등학교 학생들을 위한 학원에 다니지 않아 소외되었고, 그 열등감은 그전까지 느꼈던 어느 열등감보다 아찔하게 다가왔다. 첫 중간고사를 보고 처음으로 무기력함과 동시에 뭔가 장벽을 뚫을 수 없을 것만 같은 한계를 느꼈다. 노력으로 해결할 수 없을 것만 같은 태생적인 한계랄까? 그래도 나는 버텼다. 여태 그래 왔듯이.

첫 기말고사를 치르기 3주 전쯤 나는 좀 쉬고 싶어서 주말에 집에 갔었다. 부모님께 위로라도 받고 싶은 심정이었을까? 그런데 집에 가 보니 들려오는 말은 위로는커녕 기분 나쁜, 압박하는 듯한 말들뿐이었다. 밤이 되니 엄마는 기대를 저버리지 않고 술주정을 부렸다. 술에 취한 엄마의 모습을 보면서 펑 하고 모든 게 터져 버렸다.

그동안 참아 왔던 모든 게 가슴 한구석에서 '펑! 펑!' 터지는 느낌이었다. 그 순간 모든 걸 다 놓아 버리고 싶다는 생각이 들었다. 학교에 다시 돌아가서도 공부가 전혀 손에 잡히지 않았고, 그저 멍하니 일주일 동안 무라카미 하루키나 무라카미 류의 염세적인 작품들만 읽으면서 시간을 보냈다. 그리고 담임선생님께 학교를 그만두고 싶다고 말했다.

여태 그랬던 것처럼 그냥 Go!

담임선생님은 여행을 한 번 다녀오는 것이 어떻겠냐고 조언하셨고, 나는 가벼운 마음으로 좋을 것 같다고 대답했다. 그저 학교에서 나오고 싶었고 아까울 게 아무것도 없었으니까. 담임선생님은 결석으로 처리가 되지 않게 현장 체험 학습을 간 것으로 처리해 주셨고, 아빠는 처음에는 말리셨지만 이내 잘 갔다 오라고 말씀해 주셨다. 그렇게 나는 7일간 목포를 떠나 광주를 거쳐 대전, 인천국제공항, 서울, 경포대, 해운대 등지를 다녀왔다.

나는 여행을 하면서 정말 여러 사람을 보고 많은 것을 느꼈다. TV에서만 보았던 인천국제공항에서 연예인을 만날 수 있지 않을까 하는 기대로 입구 근처 의자에 앉아 있다가 정장 차림으로 바삐 움직이는 사람들을 만났다. 그리고 단정한 차림새의 비행기 승무원들, 인천국

난생처음 가 본 인천국제공항에는 어디론가 발걸음을 재촉하는 많은 사람들이 있었다.

제공항 지하에서 서울역으로 가는 직행열차 안에서 보았던 지적 장애인, 서울역 근처 거리 곳곳의 노숙자들, 유흥가 거리에서 까만 정장을 입고 호객 행위를 하는 사람들, 경포대에서 노점상을 하시던 아저씨, 모래사장에 누워 있던 외국인 여행객들, 해운대 모래사장에서 맥주와 돗자리를 파시던 할머니를 보았다. 기억은 나지 않지만 여러 곳을 다니면서 만난 그 사람들을 통해 뭔가를 느꼈던 것 같다. 살아가는 느낌이랄까, 살아 있는 느낌이랄까. 세상엔 정말 많은 사람들이 있고 각자 자기의 삶을 살아가고 있구나 하는 생각이 들었다. 그리고 내 삶이 그리 불행한 삶은 아니구나 하는 안도감이 들었다.

나는 부산에서 목포로 돌아오는 심야버스를 타고 창가에 기대어 스쳐 가는 거리들을 보면서 생각했다. 아마 난 위로를 받고 싶었는지도 모르겠다고. 그런 어려운 환경 속에서 악착같이 버티는 데도 고생했다고 말해 주지 않는 부모님께 화가 나서, 누리지 못한 것들로 인한 열등감으로 억울해서 위로해 줄 사람을 찾아 떠나고 싶었는지도 모른다. 내 자신에게 그렇게 되뇌고 나니 뭔가가 확실해진 것 같은 느낌이 들었다. 그리고 깨달았다.

'내가 해결할 수 없는 문제는 문제로 놓아두고 그냥 내 삶을 살아가자. 여태 그랬던 것처럼.'

그렇게 난 다시 일상으로 돌아왔다.

여행을 다녀오고 나서는 공부에 대한 압박감이 많이 줄어들었다. 일주일밖에 남지 않은 기말고사도 겁이 나지 않았다. 정말 마음 편하게 공부했던 것 같다. 그런데도 중간고사 때보다 성적이 더 올라서 친구들이 놀랐던 게 기억난다. 고등학교 1학년 여름방학 때부터는 운동도 시작해 졸업하기 전까지 몸무게를 17킬로그램가량 줄였다. 좋아하는 작가의 책도 더 자주 읽었는데, 책장 두 칸이 꽉 찰 정도로 무라카미 하루키와 무라카미 류의 작품을 읽었다. 물론 여행을 다녀온 이후 고등학교 졸업 전까지 힘든 순간이 없지는 않았다. 하지만 이전에 했던 방황을 통해 얻은 교훈 덕에 그리 큰 문제없이 견딜 수 있었다. 결국 모든 일은 지나가기 마련이니까.

이게 나의 삶이고, 앞으로의 나의 삶이야

지금 이 글을 쓰고 있는 이 순간 나는 굉장히 만족스러운 삶을 살고 있다고 생각한다. 며칠 전에 본 전공 시험이 평균보다 7점이나 낮지만 별로 개의치 않는다. 4년간 짝사랑했던 고등학교 친구를 보러 한양대까지 갔었는데 고작 5분밖에 만나지 못했어도 별로 개의치 않는다. 그저 내가 가고 싶어 했던 이곳 카이스트에서 돈 걱정 없이 교수님들의 재밌는 강의를 들으면서 배움의 재미를 느끼고, 의리 있는 친구들과 모여 기분 좋게 술을 마시고 PC방에서 놀 수 있는 지금 이 순간이 너무 행복하고 감사하다.

그렇다고 해서 좌절과 방황을 하지 않는 건 아니다. 중·고등학생 때는 확실했던 꿈과 비전이 대학에 들어오고 나서 바뀌어서 어떤 직장을 목표로 잡고, 어떤 대학원 연구실에 가야 할지에 대한 고민으로 힘든 밤을 보낼 때가 많다. 생활비 때문에 아르바이트를 해야 해서 시간과 체력을 많이 뺏기는 바람에 공부할 때 힘겹기도 하다. 하지만 지금의 방황은 뭔가 익숙하다. '어, 왔는가?' 하며 오랜만에 친구를 만난 느낌이랄까. 나 혼자만 겪는 방황이 아니기에, 대한민국 모든 젊은이들이 겪는 방황이기에, 그리고 지나가리라는 걸 알기 때문에 견딜 수 있다.

좌절과 방황은 내가 살아가는 시간 동안 연속되는 영원한 배움의 기회인 것 같다. 앞으로도 가깝게는 졸업과 대학원 진학 문제, 길게는 취직과 짝사랑하는 친구의 마음을 사는 문제 등으로 고비가 끊임없이 찾아올 것이다. 또 좌절하고 방황할 수도 있다. 하지만 겁이 나지는 않는다. 여태껏 그랬듯이 어떻게든 극복해 나갈 것이라는 믿음이 마음 한구석에 확실히 자리하고 있기 때문이다.

쉽게 변하지 않는다, 그러나……

산업디자인학과 13 최수빈

나는 내가 잘 해낼 줄 알았다, 진짜?

그때는 내가 두 번째 전공 수업을 들은 학기였다. 개강 초부터 삐거덕거렸던 기억이 난다. 봄 학기가 시작되면서부터 아랫배 안쪽에서 미는 듯한 통증이 느껴지고 얼굴이 자꾸 부었다. 그러나 그저 석 달 만에 7킬로그램이 찐 바람에 생긴 부작용인가 보다 하고 가벼이 넘겼었다. 그러다가 카이스트 내에 있는 파팔라도 메디컬 센터에서 건강검진을 받았는데 이렇게까지 짧은 시간에 몸이 안 좋아지는 것은 정상이 아니니 병원에 가 보라는 통보를 받았다. 나는 그제야 무언가 잘못되었다는 생각이 들기 시작했다.

모두가 새 학기의 설렘을 즐기고 있을 9월 초, 나는 병원을 정기적으로 다니며 의사 선생님께 왜 이 지경까지 몸을 내버려 두었냐고 귀에 못이 박히도록 혼나야 했다. 먹지 말아야 하는 음식, 하지 말아야 하는 행동, 지켜야 할 것들이 생겨났다. 하지만 내가 하지 말아야 하는 행동은 내가 이 학교에 다니는 이상 지킬 수 없는 것이었다. 10시간 이상의 숙면, 규칙적인 생활, 1시간 이상의 유산소 운동. 나는 과에서 힘들기로 유명한 전공과목도 들었고 춤 동아리 활동도 하고 있었다. 새벽까지 춤 연습을 하고 전공실에 가서 과제를 해야만 했던 나는 지켜야 하는 것들을 무시할 수밖에 없었다.

그 대가는 개강 두 달째가 되자 비로소 드러나기 시작했다. 길을 걷다가 아랫배 안쪽에서 통증이 느껴지면, 더 이상 걷지 못하고 그 자리에서 아픔이 가시기를 기다려야 할 정도로 상태가 심각해졌다. 눈은 하루가 멀다 하고 부어서 쌍꺼풀이 두 겹이 되었다가, 세 겹이 되었다가 했다. 아랫배는 점점 부풀어서 원래는 컸던 바지가 꽉 낄 정도였다. 나는 겁이 났다.

다시 병원을 찾았을 때, 나는 안쪽에 물이 차 있다는 사실을 알았다. 병원에서는 무슨 이유 때문인지는 모르겠다고 했다. 하지만 내가 아직 젊고, 단순히 스트레스 때문일 테니 걱정하지 말라고 했다. 나는 그때, 자신이 불치병임을 통보받은 드라마 속 여자 주인공의 심정이 이해가 갔다.

"길어야 6개월입니다." 같은 말도 아닌데 눈물이 날 것 같았다. 별다른 처방도 없었다. 그저 3개월 뒤에 다시 확인해 보자는 말을 듣고서 병원을 나왔다. 아무런 생각을 할 수 없었지만, 나에게는 멍하니 있을 시간이 없었다. 과제는 산더미처럼 쌓여 있었고, 저녁에는 춤 연습을 하러 가야 했다. 나는 멍청하게도 당장 오늘 해야 할 과제를 선택했다.

그때까지만 해도 나는 내가 어떻게든 잘할 수 있을 것이라고 생각했다.

무언가 잘못되었다, 그것도 많이

기말고사 기간이 시작될 무렵, 나는 계획표를 정리하다가 당황했다. 전공 필수과목의 기말 프로젝트 발표가 월요일 오후 그리고 동아리 춤 공연의 리허설이 그날 새벽, 공연이 화요일 저녁, 다른 전공과목 시험이 화요일 오전에 있었다. 무언가 잘못되었다는 생각이 들었다. 그리고 그 무서운 3일이 2주 앞으로 다가왔다는 사실에 머릿속이 새하얘졌다. 미리미리 준비해야 그 3일을 버틸 수 있을 것 같았다. 하지만 절망적이게도 나에게는 미리 준비할 시간이 없었다. 누군가 하루 24시간이 부족하다고 말했던가. 내 심정이 그러했다. 잠을 한숨도 자지 않고 과제를 하더라도 남은 2주 동안 해낼 수 있을 것 같지 않았다. 온 힘을 다해도 안 될 것이라는 생각이 머릿속을 지배하자, 의욕이 조금도 생기지 않았다. 그냥 모든 것을 포기하고 싶었다. 그러다가 정신을 차리고 보니 나에게는 공포의 3일로부터 5일의 시간만이 남아 있었다.

버스를 타고 공주 시의 외곽 쪽으로 나가면, 나의 기말 과제를 위해 꼭 가야 하는 공방이 나온다. 공방에 가서 제작을 부탁드린 의자를 가져오는 것으로 나에게 남은 5일의 첫날이 지나갔다. 새벽에 의자의 표면을 사포질하려고 살펴보니 의자가 이상했다. 마감 부분이 툭 튀어나와서 만들다가 만 것 같았다. 그전의 모델링과 도면 작업에서 발견하지 못한 실수였다. 속이 상했다. 미리 발견하지 못해서 이런 실수를 한 나 자신에게 화가 났다. 다시 만들고 싶다는 마음이 커졌다. 하지만 의자

제작을 다시 맡기면 발표 날까지 도착하지 못할 게 분명했다. 눈물이 핑 돌았지만, 꾸역꾸역 밀어 넣었다. 사포질을 열심히 하면 깔끔해지지 않을까 싶어 열심히 모난 곳을 갈았다. 하지만 아침 해가 뜰 때까지 모난 곳을 갈아 내도, 의자는 여전히 마음에 들지 않았다.

이제 4일 남았다. 여전히 배는 아프고, 얼굴은 퉁퉁 붓고, 의자는 못생겼다. 시간은 없었다. 떠오르는 해는 이제 나에게 공포가 되었다. 마음이 급해졌다. 단 1분도 허투루 쓸 수 없었다. 아침에 일어나서 사포질을 하고, 수업에 갔다가, 발표 준비를 하고, 공연 연습을 갔다가, 시험공부를 했다. 의자 문제를 제외한 나머지는 어떻게든 조금씩 나아져 가고 있었다.

금요일 새벽에 의자에 스테인 칠을 했다. 색깔이 이상했다. 원래 이렇게 진한 황토색이었는지 다른 사람들의 의자를 살펴보니 그렇지 않았다. 하지만 모두 같은 스테인을 사용했기 때문에 마르면 색이 연해지겠지 하고 열심히 발랐다. 장갑이 자꾸 벗겨져서 맨손으로 수건에 스테인을 적셔 꼼꼼하게 발랐다. 마감이 이상하니 스테인 칠이라도 깔끔해야 좀 나을 것 같았다. 연한 합판 색이었던 의자는 황토색으로 물들어 갔다. 스테인을 바를수록 색이 점점 더 진해졌다. 불안했지만, 내가 쓰는 스테인을 남들도 썼으니 괜찮을 것이라고 애써 위안했다.

나는 스테인 칠을 끝내고 나서, 부디 잘 마르길 기도하며 손을 씻으러 갔다. 손에 덕지덕지 묻은 미끌미끌한 황토색 스테인은 잘 지워지지 않았다. 비누칠을 열심히 하다가, 클렌징 폼으로 씻다가, 마지막으로 치약까지 짜서 닦았지만 황토색이 착색되어 지워지지 않았다. 왜 안 지워지지? 등골이 서늘해졌다. 헐레벌떡 말라 가는 의자를 확인하러 갔다. 내 의자는 더 못나졌다. 꾸역꾸역 밀어 넣었던 눈물이 삐져나왔다. 눈물을 닦을 힘도 없었다. 왜 나에게 이런 일들이 자꾸 일어나는지 이해할 수 없었다. 이제는 그냥 빨리 이 끔찍한 나날이 지나갔으면 좋겠다는 생각뿐이었다. 왜냐하면, 내가 손을 댈 수 없을 정도로 모든 것이 잘못되었기 때문이다. 그것도 아주 많이.

나는 내가 이렇게 될 줄 알았다

월요일이 되었다. 발표는 오후 2시 30분부터 시작이었다. 나는 그저 이 발표를 무사히 끝내고, 빨리 시험공부를 하러 가야 한다는 생각밖에 없었다. 교수님은 내 의자가 어시장에 있는 나무 상자 같다고 하셨다. 스테인 칠 때문에 더 그렇게 보인다는 말씀도 하셨다. 교수님이 그렇게 말씀하실 거라는 예상은 하고 있었다. 그리고 나 또한 내 의자가 그렇게 보였기 때문에 상처를 받지 않았을 것이라 생각했다. 하지만 생각보다 더 속이 상했다. 그리고 아무 말도 할 수 없었다.

나는 알고 있었다. 이전의 나에게 상황을 개선할 수 있는 기회가 많이 있었지만, 아무것도 하지 않았음을. 도면을 그리기 전에 한 번만 더 살펴봤다면, 조금 늦더라도 다른 공방을 찾아서 의자를 다시 제작했다면, 아니면 스테인을 바르기 전에 한 번만 확인해 봤다면, 그것도 아니면 스테인이 마르기 전에 재빨리 닦아 냈다면 이렇게까지 되지는 않았을 것이다. 또한 시간이 없어서, 바빠서, 힘들어서, 귀찮아서, 이렇게 해도 별 의미가 없어서 등 온갖 이유를 들어 결국 아무것도 하지 않았다. 그래서 나는 누군가에게 투정을 부리거나 붙들고 눈물을 흘릴 수도 없었다. 시험도, 공연도 그렇게 끝났다.

공연이 끝난 날, 나는 휴학을 결심했다. 이렇게 힘든 마음으로 다음 학기를 보내면 또 이런 식으로 끝날 것 같았다. 나 자신을 피드백해야 했다. 다시 생각하기 끔찍했지만, 지난날의 모습을 살펴볼 필요가 있었다. 하지만 나는 또 무의식적으로 그 기억들을 마음속 깊은 곳에 차곡차곡 담아 숨겨 놓았다. 마치, 헤어진 옛 연인과의 추억을 큰 상자에 담아 정리하듯이.

집은 평화로웠다. 엄마는 한 학기 만에 본 딸의 얼굴이 퉁퉁 부어서 놀라신 것 같았다. 미련스럽게 말도 안 하고 한 학기를 버텼냐는 잔소리를 들었다. 그래도 마음은 편안했다. 한 학기 동안 망가진 나의 몸과 마음은 집에 도착하기 무섭게 회복되기 시작했다. 나는 10시에 자고 8시에 일어나는 바른 생활을 했다. 아침마다 운동하고, 약도 먹었다. 휴학하고 3개월쯤 지나자 부기가 빠지기 시작했다. 배도 들어갔다. 더 이상 배 안쪽에서 누군가 힘껏 미는 듯한 불쾌한 통증도 느껴지지 않았다. 병원에서는 이제 복수가 모두 빠졌다고 했다. 몸이 상쾌해졌다.

그 무렵 나는 말로 표현하기 힘든 어떤 책임감이 들었다. 무언가 더 나아져야 한다는 그런 느낌. 나는 그것이 뭔지 알고 있었다. 휴학을 결심한 이유니까 모르면 안 되는 것이었다. 하지만 나는 외면하고 싶었다. 나를 되돌아보고 그것에 대해 생각하는 것은 끔찍한 일이었기 때문이다. 하지만 문제를 극복하면 더 나아질 수 있을 것이었다. 내 머릿속에서는 더 나아지고 싶다는 마음과 힘든 기억을 다시 떠올리고 싶지 않다는 마음이 다투고 있었다. 한 달 정도를 망설인 끝에 나는 내 마음속에 꼭꼭 묻어 놓았던 그 상자를 열었다.

이제야 나는 조금씩 나아지고 있다

생각해 보면, 나는 늘 그렇게 살았다. 다들 하는 만큼만 하고 다들 꺼리는 것을 꺼렸다. 나는 그저 평범한 학생으로 지난 12년을 보냈다. 따라서 나의 고난은 평범한 것에만 머무르고 더 나아가지 못한 나에게 누군가가 내린 벌일지도 모른다는 생각이 들었다. 왜냐하면 나는 그 사건이 있고 나서야, 내가 이때까지 어떤 방식으로 지내 왔는지를 비로소 깨달았기 때문이다.

1학년 봄 학기의 시험 전날, 나는 시험 범위를 다 공부하지 못했지만 방에 들어가서 잤다. 같은 학기에 들었던 모든 과목들이 마찬가지였다. 9시 수업이 있는 날 9시 5분에 일어난 나는 그냥 수업에 들어가지 않았다. 그때는 막연하게 2학년이 되어 전공 수업을 들으면 달라질 것이라고 생각했던 듯하다. 2학년 봄 학기에는 수업을 빠지지 않고 출석했던 나를 보며 더 나아졌다고 기뻐했던 것 같다. 하지만 속은 똑같았다. 나는 여전히 수업 하나하나에 최선을 다하지 않았으며 내가 힘들지 않은 선에서, 남들보다 뒤처지지 않을 정도로만 열심히 했다. 대학 생활을 2년이나 하고서야 그 사실을 깨달았다는 게 묘했다. 지금이라도 깨달아서 다행이라고 해야 할지, 지난 2년 혹은 그보다 더 오랫동안 잘못해 왔으니 늦었다고 해야 할지 모르겠다. 어쨌든 확실한 것은 나는 이제 나를 깨달았고, 그러니 나아질 수 있다는 것이다.

나는 복학했다. 그리고 이번이 복학 후 첫 학기다. 이번 학기에도 또 동아리 공연을 하게 되었다. 전공 필수과목도 듣는다. 이번에는 의자가 아니라 조명을 만들어야 한다. 개강 3주 차부터 아랫배가 살짝 당기는 느낌이 들기도 했다. 1년 전을 떠오르게 하는 일들이 하나둘씩 생기고 있지만 나는 더 이상 두렵지 않다. 왜냐하면 이번에는 달라질 수 있을 것 같으니까. 며칠 전에 중간고사가 끝났다. 전공과목의 중간발표도 끝났다. 사실 완전히 만족스럽지는 않다. 나는 내가 그렇게 쉽게 변하지 못할 것을 알기 때문이다. 나는 12년 이상 그렇게 살아왔으니까. 변신을 외치며 개과천선하는 그런 일은 나에게 없다. 하지만 나는 나아지고 있다. 이제야, 조금씩.

학생편집자 후기 01

김성호

대학교에 입학했을 무렵, 저는 막연하게 제 이름으로 책을 내거나 책을 편집할 기회가 있으면 좋겠다는 생각을 했었습니다. 이러한 막연한 기대가 대학교 4학년 마지막 학기를 앞둔 시점에서 현실화될 수 있는 기회가 주어졌습니다. 편집자로서 책을 낼 수 있다는 기대감 하나로 저는 제 스스로의 시간적 여유나 편집자로서의 역량에 대한 깊은 생각 없이 이 자리에 서게 된 것 같습니다.

대학원 입시와 동아리 회장을 겸하면서 이 책의 편집을 진행하는 것은 그리 간단한 일이 아니었습니다. 6명의 학생편집자들 각자가 맡은 책임은 가벼웠지만, 일을 분배하는 과정에서 서로에게 미루고 늦추어지는 모습도 있었던 것 같았습니다. 그럴 때 더 책임감 있게 역할에 충실했어야 했는데 그러지 못했던 것이 조금 후회로 남습니다.

편집자의 중요한 역할은 책에 실릴 글들을 읽고 수정하는 것이었습니다. 그 과정에서 다른 사람들의 수필을 여러 번 읽어 보고 그들의 삶을 관찰할 수 있는 기회가 많이 주어졌습니다. 저 스스로도 나름대로 험난한 삶의 여정을 거쳐 왔다고 생각했지만 수필을 읽으면서 각 사람들마다 모두 특별한 이야기와 삶의 과정이 있고, 그들의 글이 주는 감동 또한 모두 특별하다는 것을 느낄 수 있었습니다.

이 책을 읽는 독자들도 저마다의 삶의 이야기가 있고 나름의 역경이 있을 것이라 생각합니다. 저는 독자들이 카이스트 학생들의 글을 읽으면서 그들도 여타 사람들과 다를 바 없는 고민과 어려움을 겪었다는 것을, 그러나 나름의 방법으로 그 고난을 극복하고 성장해 나갔다는 것을 보셨으면 합니다. 그리고 그들의 이야기에서 자신의 삶을 비추어 보고 독자들이 겪고 있는 고난을 이겨 낼 힘을 얻으시길 바랍니다. 그러한 힘을 얻기 위해 우리는 책을 쓰고 읽는 것이고, 서로의 삶의 이야기를 나누는 것이 아닐까 생각합니다.

남홍재

이제 막 가을 학기가 시작됐다. 한낮에 분주한 학생들의 발걸음은 방학이 끝났다고 울리는 알림처럼 들렸다. 나도 그 울림에 몸을 맡겨 강의실로 가던 중 문득 이런 생각이 들었다.

'카이스트 학생들은 정말 치열하게 사는 것 같다. 공부든, 동아리든, 휴식이든. 심지어 방황까지.'

왜 평범한 캠퍼스에서의 일상에서 치열함이 느껴졌을까? 이번 책 편집에 참여하면서 그 이유를 어렴풋이 알 수 있었다. 스물여덟 명의 카이스트 학생들이 각자 난관에 맞서 진지하게 고민하고 치열하게 극복한 과정들은 내가 몰랐던, 어쩌면 지나쳤을 카이스트의 모습이었다. 편집 활동을 하는 내내, 스물여덟 편의 영웅 서사시를 읽는 기분이 들었다. 캠퍼스 곳곳에 숨어 있는 영웅들의 아픔에 눈시울이 붉어질 때도 있었고, 포기하지 않고 도전하는 그들의 모습에 어느새 응원을 보내고 있는 나를 발견할 때도 있었다. 이 감동적인 삶들을 어떡하면 잘

엮어 낼 수 있을지 고민하는 동안 참 즐거웠다. 소중한 경험을 선물해 주신 모든 분들께 다시 한 번 감사드린다.

독자들에게 이 책이 정직한 감동으로 다가갔으면 좋겠다. 아무 때나 아무 페이지를 펼쳐 읽다 보면 꼭 마음에 드는 한 문장이 있는 그런 책 말이다. 글쓴이들의 다양한 경험에 스스로를 비추어 보며 느꼈던 감동, 기쁨, 슬픔, 반성 등을 독자들도 함께할 수 있으면 좋겠다.

다시 생각해 보니 낮에 분주했던 학생들의 발걸음은 영웅 행진곡이었다. 하루 만에 방학에서 개강으로 바뀐 현실을 초연하게 인정하고, 학교에 돌아와 캠퍼스의 일상에 적응하는 그들이 영웅이 아니면 무엇이랴. 자신만의 아픔을 짊어지고서 담담하고 치열하게 일상을 견뎌 내는 카이스트의 숨은 영웅들에게 다시 박수를 보내고 싶다. 이 책에 말 못한 영웅담을 가지고 있는 이들, 앞으로 새로운 난관과 부딪힐 이들에게도 열렬한 응원을 보낸다.

삶은 지우개 없이 그리는 그림이라 했던가!

내일도 채울 수 있는 여백이 남아 있음에 감사하며, 다시 펜을 들어야겠다.

학생편집자 후기 03

박동성

글 편집은 섬세한 작업이다.

편집자는 때론 쩨쩨하고, 때론 오만하다. 글쓴이가 삶과 철학을 글에 담아 보내면, 편집자들은 틀린 토씨 하나 찾으려고 눈을 부라리고 글의 흐름이 이상하다며 문단을 나눠 버린다. 그리고 까다롭다. 편집자는 자신을 글쓴이에게서 최대한 멀찍이 둔다. 독자들에게 쉽게 전달되어야 한다면서 글의 의미가 글자로부터 제 스스로 풀려나 만개하길 기대한다. 글쓴이의 입장에선 이처럼 못된 독자도 없을 테다.

그래서 편집자는 조심스럽다. 글쓴이가 놓친 자잘한 실수를 잡아주고 뭉친 글을 풀어 주려 애쓴다. 마음속으로는 언제나 글쓴이의 편이다. 좋은 글이 잘못된 편집 때문에 독자에게 잘 다가가지 못한다면, 편집자로선 그보다 안타깝고 미안한 일이 없다. 제 글도 아니니 더욱 죄스럽다. 그렇지 않으려고 항상 글쓴이의 본심을 찾아 헤맨다. 그리곤 세상에서 가장 무심한 독자들을 상상해 본다. 어떻게 하면 글쓴이가 그런 독자들의 마음조차도 사로잡을 수 있을까? 어떻게 하면 이 글이 제 광채를 드러낼까? 좋은 글은 좋은 편집자를 만나야 비로소 온전히 아름다워진다. 그 과정을, 필자와 독자 사이를 조율하는 것이 편집자의 본질이다.

네 삶의 편집자들을 찾아봐라. 모든 이의 삶은 초고다. 초고가 서론부터 빼어난 경우는 원체 드물다. 퇴고도 못하는데 편집자도 없다면 그 초고의 운명은 다소 암담하다. 물론 편집자들조차 모두 제 초고를 쓰는 중이다. 다들 각자의 위치에서 실수를 만발하는 것이 당연지사다. 두 번 사는 사람은 없으니까. 다만, 초고를 한 번 써 본 사람은 제 기억을 퇴고하며 다른 초고에 도움을 줄 수 있을 것이다. 그리고 많은 편집자들을 만나 보라. 나쁜 편집자를 피하기 위해서다. 남의 글을 제 글인 양 뜯어고치는 자도 있고, 글을 강탈해 가는 자도 있다. 심지어, 남의 원고지에다 자신의 퇴고된 글을 다시 쓰는 광경도 그리 드물지는 않더라. 명필 중에서도 편집자로서는 부족한 자들이 있고, 미지근한 글을 쓰는 사람도 편집자로선 대단한 역량을 갖춘 경우가 있다. 많은 편집자를 만나다 보면 좋은 편집자는 '네 초고'를 섬세하게 봐줄 것이다. 마지막으로, 편집자가 있다는 것을 부끄러워 말라. 글이 책에 실려 나갈 땐 글쓴이의 이름이 먼저 적힌다.

모든 글이 좋은 편집자를 거쳐 세상에 나왔으면 하는 바람이다.

학생편집자 후기 04

정희연

'우리 학교 아이들도 가슴 저릿한 실패 경험이 있을까?'라고 생각했었다. 하지만 이 책에 실린 28편의 이야기를 읽다 보니 대한민국 최고의 명문대라는 타이틀에 가려져 있던 저마다의 실패 경험담에 나 역시 눈시울이 붉어졌다. 그래서 더욱 이들의 이야기를 세상에 알리고 싶어졌고 내가 그 징검다리가 될 수 있다는 것 자체가 영광이었다.

나는 학생편집자지만 글의 내용을 수정하기보다는 학우들의 이야기가 많은 독자에게 더욱 생생히 전달될 수 있도록 거친 부분을 다듬는 역할을 하며 이번 책의 발간을 도왔다. 그러던 중, 문득 6개월 후 이 이야기를 읽고 있을 독자를 생각해 보게 되었다.

'그들은 이 책을 읽고 무슨 생각을 할까?'

만약 지금 책을 읽고 있는 당신이 훗날 카이스트를 꿈꾸고 있다면 나는 주저 없이 이렇게 말하고 싶다.

"세상에 쉽게 얻어지는 것은 없다. 다만 남들 눈에는 힘든 것보단 얻은 것이 더 크게 보일 뿐이다."

우리 학생들도 누구 한 명 쉽게 이 학교에 입학하지 않았으며 학교에 들어와서도 실패를 겪으며 점차 성장한다는 것을 꼭 강조하고 싶다. 다시 말해 누구나 힘든 과정을 이겨 낼 자신만 있다면 꿈꾸는 스무 살을 보낼 수 있다는 용기를 북돋아 주고 싶다. 나 역시 이 글에 소개된 이야기처럼 상상도 못했던 인생을 살고 있으며 그렇기에 어린 날의 짧은 순간으로만 대학과 미래에 선을 긋지 않았으면 하는 바람이다. 책에서 여러 번 언급된 것처럼, 우리 모두는 무한한 잠재력을 갖고 있는 잠재된 성공인이기 때문이다.

마지막으로 방학 동안 책을 위해 함께 고생해 준 우리 학생편집자들에게 감사의 인사를 전하며 나의 편집 후기를 마무리한다.

"수고하셨습니다. 우리 이제 조금 쉬어 갈까요?"

학생편집자 후기 05

조정훈

공공연한 지면에 글을 써낼 때에는 흥분과 책임감이 교차하곤 했다. 그래서인지 평소 글에는 최대한 나의 자취를 담지 않으려 노력해 왔다. 단지 글로서 완전하게 읽히기를 바랐던 것이다. 짧은 글이나마 나의 이야기를 책에 담게 된 이번 기회에서도 아니나 다를까 흥분과 책임감이 넘쳤다. 그러나 그렇기 때문에 지나간 실패의 자취들을 더 성실하게 더듬어 볼 수 있었다. 자신의 실패를 되새기는 것처럼 온전하고도 쓰라린 회상에 매진할 수 있는 기회는 그리 많지 않을 것이다. 하지만 그로 인해 얻을 수 있는 것들도 흔치 않은 깨달음이 될 것임이 분명하다.

여기에 수록된 이야기들에는 삶의 단편이 담겨 있다. 모두가 자기 삶의 일정 부분을 글로써 풀어내게 된 데에는 나름의 이유가 있을 것이고, 각자가 전하고 싶은 이야기 또한 다를 것이다. 그렇지만 끊임없이 읽히게 될 지면에 실패의 역사를 써 보이는 것이다. 빛나는 삶의 순간들 와중에 겪은 실패담을 공유하는 데에는 분명 정량 이상의 용기가 필요하다. 그렇지 않은 사람들도 더러 있겠지만, 어떤 이들에게는 자신의 이야기를 누군가에게 풀어내 보인다는 것이 그리 쉬운 일만은 아니다. 으레 허공에 흩어지는 말보다 오래 남겨지는 글이라면 더욱 그렇다.

맥락 없는 실패담의 연속이지만 모두의 이야기가 평범하고도 특별하다. 그리고 우리는 모두 그 속에서 실패의 미덕을 발견할 수 있을 것이다. 삶은 실패 속에서 완전해진다. 내가 저지른 끊임없는 실패의 나날들을 하나둘 되짚어 보는 것은 아팠던 만큼 웃음이 나는 일이었다. 우리는 그로부터 배우고 자라나고 눈물 흘리고 괴로워하다가 마지막에 가서는 어떻게든 웃어넘길 수 있게 되기를 바라는 것이다.

학생편집자 후기 06

김태현

"우아, 카이스트 다녀요? 말로만 듣던 그 카이스트? 완전 천재인가 보네! 그럼 정말 고민 하나 없겠다."

어딜 가서 카이스트 학생이라고 말하면 으레 돌아오는 반응이다. 카이스트 하면 고민, 걱정 없는 천재의 이미지가 떠오르는가 보다. 이 책에는 카이스트 학생들의 고민과 좌절의 이야기가 생생하게 담겨 있다. 이 좌절 극복기를 읽어 보면 딴 세상 천재들처럼 보이는 이들이 어떤 생각을 하고 어떤 일상을 보내고 어떤 어려움을 겪는지 엿볼 수 있다. 독자들도 그들이 마냥 딴 세상 사람은 아니구나, 하고 느낄 수 있을 것이다.

"나는 이렇게 좌절했고, 이렇게 극복했다."라는 공고 제시문을 처음 봤을 때, 많은 생각이 주마등처럼 스쳐 지나갔다. 좌절이라…… 지금까지 살아오면서 너무나도 많은 좌절이 있었던 것이다. 그중에는 잘 극복했던 것도 있고 아직도 헤어 나오지 못해 애쓰는 문제도 있다. 어떤 주제를 골라야 할까 한참을 고민했다. 그러다가 아예 인생이라는 게 원래 좌절의 연속이고, 숨 쉬듯 좌절하면서도 앞으로 나아가는 게 인생이지 않은가 하는 주제로 글을 쓰자고 생각했다. 목표와 이상은 언제나 저만치 높이 있는데 내가 가진 능력과 내 상황은 그것에 못 미칠 때가 한두 번이 아니기 때문이다.

그렇게 내가 지금까지 겪은 여러 가지 좌절을 두고 고민을 하다가 지난해 내 인생의 전환점이 되었던 베를린 교환학생 생활에 대해서 써 보자고 결정했고, 많은 것을 배우고 느꼈던 1년의 시간을 갈무리한다는 생각으로 글을 썼다.

이렇게 써낸 글이 감사하게도 책에 실리게 되었고 학생편집부에도 참여하는 좋은 기회를 얻었다. 편집 활동을 하면서 다른 학생들의 글들을 읽어 보며 나와 비슷한 경험에 고개를 끄덕이기도 했고, 나와 다른 인생의 곡절과 실패 극복 이야기에 교훈을 얻기도 했다. 이 책을 읽는 다른 독자들에게도 이 책의 이야기들이 가슴 울리는 순간으로 다가갈 수 있다면 참 좋겠다.

과학 하는 용기

펴낸날 초판 1쇄 2016년 12월 10일
초판 2쇄 2017년 8월 29일

지은이 조정훈, 김성호, 김태현, 남홍재, 박동성, 정희연 외 카이스트 학생들
펴낸이 심만수
펴낸곳 (주)살림출판사
출판등록 1989년 11월 1일 제9-210호

주소 경기도 파주시 광인사길 30
전화 031-955-1350 팩스 031-624-1356
홈페이지 http://www.sallimbooks.com
이메일 book@sallimbooks.com

ISBN 978-89-522-3537-4 43400
살림Friends는 (주)살림출판사의 청소년 브랜드입니다.

※ 값은 뒤표지에 있습니다.
※ 잘못 만들어진 책은 구입하신 서점에서 바꾸어 드립니다.

이 도서의 국립중앙도서관 출판시도서목록(CIP)은 서지정보유통지원시스템 홈페이지
(http://seoji.nl.go.kr)와 국가자료공동목록시스템(http://www.nl.go.kr/kolisnet)에서
이용하실 수 있습니다.(CIP제어번호: CIP2016026729)

책임편집 · 교정교열 최진우 · 이가영